Abhandlungen
der Bayerischen Akademie der Wissenschaften
Mathematisch-naturwissenschaftliche Abteilung
Neue Folge. 1.
1929

Ergebnisse der Forschungsreisen Prof. E. Stromers in den Wüsten Ägyptens

V. Tertiäre Wirbeltiere

3. Die mittel- und obereocäne Fischfauna Ägyptens mit besonderer Berücksichtigung der Teleostomi

von

Wilhelm Weiler

(Worms)

Mit 6 Tafeln

Vorgetragen am 15. Dezember 1928

München 1929

Verlag der Bayerischen Akademie der Wissenschaften

in Kommission des Verlags R. Oldenbourg München

Über die Fischreste aus dem ägyptischen Eozän sind bereits folgende Arbeiten erschienen: v. Meyer 1851, Egerton 1854, Dames 1883, 1883a, 1888; Woodward 1888, 1893, 1910, Priem 1897, 1899, 1905, 1907, 1907a, 1914; v. Stromer 1903, 1905, 1905a; Leriche 1922. Die vorliegende Abhandlung beschränkt sich auf die Teleostomi, zieht aber in ihren Schlußbetrachtungen die ganze Fischfauna zum Vergleich heran.

Das von mir bearbeitete Material wurde teils von Herrn Prof. v. Stromer auf seinen Forschungsreisen selbst gesammelt, teils durch den verstorbenen Sammler Markgraf geborgen. Es befindet sich in Frankfurt a. M. (Senckenberg Museum), Stuttgart (Naturaliensammlung) und München (Paläontologische Staatssammlung). Den Vorständen der genannten Institute, den Herren Prof. Dreverman, Prof. Broili, Prof. Rauther und Direktorialkustos Dr. Berckhemer bin ich für die Überlassung des Materials zum größten Dank verpflichtet. Ganz besonders aber danke ich Herrn Prof. v. Stromer, der mir nicht nur das Material erst zugängig machte, sondern auch die Zeichnungen und Photographien anfertigen ließ, mich überhaupt jederzeit in der entgegenkommendsten Weise unterstützte. Herrn Prof. Rauther danke ich außerdem noch dafür, daß er mir die reichen rezenten Sammlungen des Stuttgarter Museums zu Vergleichsstudien zur Verfügung stellte. Keine Bitte, wenn sie nur einigermaßen zu erfüllen war, wurde mir abgeschlagen. Herrn Dr. Berckhemer bin ich weiterhin für die Überlassung eines Arbeitsplatzes verpflichtet, desgleichen Herrn Dr. Wegele in München für die Anfertigung der Photographien und Herrn Dr. Storz in München für die mikrophotographische Aufnahme des Platylaemus-Schliffes.

Herrn Prof. Errol Ivor White vom Britischen Museum in London danke ich recht herzlich für die freundliche Auskunft über gewisse von Dixon 1850 beschriebene Originale aus dem englischen Eozän, Herrn Dr. Peyer in Zürich für die Zusendung der Korrekturbogen seiner Arbeit über die alttertiären Welse Ägyptens und den Herren Prof. Dr. Hennig, Tübingen, Prof. v. Ihering in Büdingen, Prof. Schwarzmann, Karlsruhe, und Prof. Strigel, Mannheim, für die freundliche Beantwortung von Anfragen.

Worms, Anfang Dezember 1928.

Klasse Pisces. — Unterklasse Teleostomi.

Ordnung Crossopterygyi.
Familie Polypteridae.
Gattung [1]) *Polypterus L.

aff. *Polypterus sp.

Vergl. STROMER 1905 (a), S. 185, Taf. 16, Fig. 29—30. Fundort: Birket el Qerun-Stufe. Aufbewahrung: Eine Schuppe in München.

Ordnung Euganoidei.
Familie Pycnodontidae.
I. Gattung Pycnodus AG.
1. Pycnodus variabilis STR.

Vergl. STROMER 1905 (a), S. 185, Taf. 16, Fig. 33—37. Fundort: Unterster Mokattam bei Kairo. Aufbewahrung: Gebißreste in München.

2. Pycnodus mokattamensis, PRIEM.

Vergl. PRIEM 1897, S. 219, Taf. 7, Fig. 9—14. Fundort: Unterer und oberer Mokattam bei Kairo. Aufbewahrung: Gebißreste in Paris.

II. Gattung ?Xenopholis DAVIS.
Taf. VI, Fig. 34—35.

Hierher gehören drei Hakenzähnchen ohne Sockel, die durch ihr Aussehen lebhaft an die unter dem Namen „Ancistrodon" beschriebenen erinnern. Sie sind ebenfalls seitlich zusammengepreßt, nur viel schwächer, hakenförmig und von der einen Seite her ausgehöhlt. An einem Zahne sieht man noch, daß seine Krone basal leicht eingeschnürt war. Bei allen ist die Krone mit dickem Schmelz überzogen, der bei zweien von ihnen an der Spitze leicht schwärzlich verfärbt ist und eine deutliche horizontale Schichtung aufweist. Von den „Ancistrodon"-Zähnen unterscheiden sich die in Frage stehenden ohne weiteres durch den Besitz einer Pulpa-Höhle. Schliffe zur genaueren Untersuchung der mikroskopischen Struktur konnten in Anbetracht der Dürftigkeit des Materials keine angefertigt werden.

WOODWARD beschreibt 1909 S. 169, Taf. 35, Fig. 8 den ganz ähnlichen Frontalzahn eines Pycnodontiden unbekannter Gattung aus der englischen Kreide, der nur etwas schmäler ist als der unserige. Nach WOODWARD 1895, S. 283—284 sind außerdem die Greif- oder Frontalzähne bei der Pycnodontier-Gattung Xenopholis ganz ähnlich gestaltet, wenigstens konnte er das für X. carinatus aus der Kreide vom Libanon nachweisen.[2])

---

[1]) Das * bedeutet im Folgenden immer noch in der Gegenwart vorhandene Gattung bezw. Art.

[2]) Auf Grund dieses Fundes glaubte WOODWARD die als „Ancistrodon" beschriebenen Zähne zu den Pycnodontiern stellen zu dürfen. In der Tat handelt es sich aber, wie ich in dieser Abhandlung noch ausführlicher darlegen werde, bei „Ancistrodon" um Schlundzähne von Vertretern der Gattungen Stephanodus und Eotrigondon.

Die beschriebenen Hakenzähnchen dürften demnach zu einer im ägyptischen Eozän noch nicht nachgewiesenen Gattung der Pycnodontier gehören.[1]

Fundort: Unterster Mokattam bei Kairo. Aufbewahrung: Museum München, Stuttgart.

Ordnung Ostariophysi. Unterordnung Siluroidea.
Familie Ariidae.
I. Gattung *Arius* C. VAL.
Arius fraasi PEYER.

Vergl. PEYER 1928, S. 17, Taf. 6, Fig. 2. Fundort: Unterer Mokattam bei Kairo. Aufbewahrung: Schädel mit Brustflossen und Vertebra complexa in Stuttgart.

II. Gattung *Ariopsis* PEYER.
Ariopsis aegyptiacus PEYER.

Vergl. PEYER 1928, S. 43, Taf. IV, Fig. 5, Taf. V, Fig. 1; Textfig. 10, 11, 12, 13, Fundort: Qasr es Sagha-Stufe, Norden des Fajum. Aufbewahrung: Schädel mit Vertebra complexa und Rückenflossenstachel in München.

Familie inc.
I. Gattung *Fajumia* STR.
1. *Fajumia schweinfurthi* STR.

Vergl. STROMER 1904, S. 3, Taf. 1, Fig. 1, 2. PEYER 1928, S. 25, Textfig. 1, 2, Taf. I, II, III pro parte. Fundort: Qasr es Sagha-Stufe, Norden des Fajum. Aufbewahrung: Schädel, Wirbel, Brustgürtel und Flossenstacheln in München, Stuttgart, British Museum.

2. *Fajumia stromeri* PEYER.

Vergl. PEYER 1928, S. 33, Taf. 4, Fig. 1; Textfig. 3. Fundort: Qasr es Sagha-Stufe, Norden des Fajum. Aufbewahrung: Schädel in München.

II. Gattung *Socnopaea* STROMER.
Socnopaea grandis STR.

Vergl. STROMER 1904, S. 4, Taf. 1. Fig. 3, 4. PEYER 1928, S. 34, Textfig. 4—9, Taf. 3, Fig. 3, Taf. 4, Fig. 2, 3, 4, Taf. 6, Fig. 1? Fundort: Qasr es Sagha-Stufe, Norden des Fajum. Aufbewahrung: Schädel, Wirbel, Brustgürtel und Flossenstacheln in München, Stuttgart, Frankfurt a. M., Freiburg i. B., British Museum.

Ordnung Apodes.
Familie Muraenidae.
Gattung *Mylomyrus* WOODWARD.
Mylomyrus frangens WOODW.

Vergl. WOODWARD 1910, S. 402, Taf. 33, Fig. 2. Fundort: Unterer Mokattam bei Kairo. Aufbewahrung: Ganzes Skelett in London.

[1] Der von PRIEM 1914, S. 375, Taf. X, Fig. 26 beschriebene und abgebildete Zahn hat mit *Ancistrodon armatus*, zu dem er von PRIEM gestellt wurde, nichts zu tun. Er stimmt vielmehr vollkommen mit den oben beschriebenen Greifzähnen gewisser unbekannter Pycnodonti überein.

Ordnung Heterosomata.
Familie *Soleidae*.
Gattung * *Solea* Cuv.
Solea eocenica Woodw.

Vergl. Woodward 1910, S. 402, Taf. 88, Fig. 2. Fundort: Unterer Mokattam bei Kairo. Aufbewahrung: Ganzes Skelett London.

Ordnung Percesocidea.
Familie *Sphyraenidae*.
Gattung * *Sphyraena* Bl. u. Schn.
* *Sphyraena fajumensis* (Dames).
Taf. VI, Fig. 1—3, 38—40.
Syn. *Sphyraena lugardi* White 1926.

Das reiche mir zur Untersuchung vorliegende Material dieser Art besteht ausschließlich aus isolierten Zahnkronen. Bei allen fehlt der Sockel, worauf sie saßen, entweder ganz oder doch zum größten Teil.

Nach ihrer Gestalt lassen die Zähne sich auf zwei Gruppen verteilen. Die der ersten sind seitlich stark zusammengepreßt und mit schneidend scharfen Rändern versehen. Bei einer ganzen Reihe, deren Oberfläche gut erhalten ist, läßt die Basis eine sehr feine Längs-streifung erkennen, die besonders bei den Formen aus dem unteren Mokattam vorzüglich erhalten ist. Alle Zähne sind symmetrisch zugespitzt, doch beginnt die Zuspitzung bei den einen ganz regelmäßig von der Basis aus (Fig. 38), während sie bei andern, die dadurch relativ breiter aussehen als die vorhergehenden, erst weiter oben einsetzt (Fig. 3). Wie ein Vergleich mit dem Gebiß der rezenten Arten *Sph. novae hollandiae*, *Sph. affinis* und *Sph. obtusa* zeigte, ist dieser Formunterschied darauf zurückzuführen, daß es sich bei den schlankeren Zähnen um solche des Gaumens handelt, während die breiteren im Unterkiefer standen.

Die zweite Gruppe umfaßt Zähne, die ihrem ganzen Aussehen nach den Fangzähnen der rezenten *Sphyraena*-Arten entsprechen (Fig. 1, 2, 39). Sie sind weniger zusammen-gepreßt als die soeben beschriebenen, und ihre Krone beschreibt eine leicht s-förmige Krümmung. Im Gegensatz zum schneidenden Vorderrand ist der Hinterrand stumpf, gerundet und an der Spitze mit einem kleinen Widerhaken versehen. Die Kronenbasis zeigt eine sehr feine aber scharfe Streifung. Außerdem ist der Vorderrand in der gleichen Weise, wie ich es bei rezenten Arten beobachten konnte, gezähnelt, doch so fein, daß die Zähnelung nur noch bei ganz besonders gut erhaltenen Exemplaren sich zeigt. Obwohl bei den heute lebenden Sphyraenen zwischen den oberen und unteren Fangzähnen leichte Formunterschiede bestehen, ist es nicht möglich, unter dem fossilen Material zwischen Intermaxillar- und Dental-Fangzähnen zu unterscheiden.

Zwar spricht schon die ganze Zahnform zweifellos für eine Einreihung in die Gattung *Sphyraena*, aber trotzdem wurde doch noch der Sicherheit halber die Zahnstruktur unter-sucht und mit den Angaben Owens (1840—45, S. 126) über den Zahnbau von *Sph. baracuda* verglichen. Der histologische Befund ergab eine völlige Übereinstimmung zwischen der fossilen und rezenten Form. Bei beiden besteht das Grundgewebe des Zahnes aus Osteodentin im Sinne von Tomes (1914), doch ist auch eine enge Pulpahöhle vorhanden. Der Schmelz ist auffallend dünn und in seinen unteren Lagen von zahlreichen Dentinröhrchen durchzogen (Taf. VI, Fig. 40).

Aus dem Eozän von Birket el Qerun (im Norden des Fajum) beschrieb bereits früher Dames (1883) gewisse Zähne als *Saurocephalus fajumensis*, die völlig mit den oben beschriebenen lateralen Dentalzähnen übereinstimmen, so daß diese Art unter Änderung des Gattungsnamens als *Sphyraena fajumensis* zu bezeichnen ist.

1905 erwähnte Priem aus dem Eozän von Gebel Kibli el Ahram (bei Gise) dieselbe Art und bildete außerdem unter der Bezeichnung *Cimolichthys* sp. einen Zahn ab, der aber nichts anderes ist als einer der oben beschriebenen Fangzähne von *Sphyraena fajumensis*.

Vor kurzem beschrieb White (1926) aus dem Eozän von Nigeria eine neue *Sphyraena*-Art als *Sph. lugardi*. Sowohl nach seiner Beschreibnng als auch nach den beigegebenen Abbildungen besteht zwischen der nigerischen und ägyptischen Art aber auch nicht der geringste Unterschied bei den Fang-, Dental- (Fig. 2, 8, 9 bei White) und Palatinalzähnen (Fig. 3, 4 bei White). Die Bezeichnung *Sph. lugardi* White muß demnach zu Gunsten der älteren Benennung *Sphyraena fajumensis* fallen.

Auch im Obereozän von Gassino (Piemont) ist diese Art vertreten, wenigstens gehören die von Bassani 1899 als *Cimolichthys* sp. (Taf. III, Fig. 3, non Fig. 1—2, 4—12) und als *Saurocephalus fajumensis?* (Taf. III, Fig. 16—19) beschriebenen Zähne hierher. Fig. 3 stellt einen Fangzahn vor, Fig. 16, 17, 19 sind Palatinalzähne und Fig. 18 wahrscheinlich ein Dentalzahn. Der auf Taf. 3 Fig. 5 als *Cimolichthys* sp. abgebildete Zahn gehört nicht zu *Sphyraena*, sondern zur Gattung *Trichiurides*.

Die Gattung *Sphyraena* ist seit dem Eozän weitverbreitet nachgewiesen (vergl. Woodward 1901, S. 490; außerdem Gervais 1852, S. 4).

Fundort: Qerunstufe im Norden des Fajum; Mitteleozän-Mergel des Uadi Ramlije bei Uasta; obereozäne Qasr es Sagha-Stufe (Fischzahnschicht im Norden des Fajum; Unterster Mokattam (Mitteleozän) bei Kairo.

Aufbewahrung: Stuttgart und München.

Ordnung *Euacanthopterygii*.
Familie *Percidae*.
I. Gattung *Lates* Cuvier.
Lates fajumensis n. sp.
Taf. I, Fig. 1—3.

Das Material, das dieser neuen Art zu Grunde liegt, besteht aus vier mehr oder weniger gut erhaltenen Hirnschädeln, wovon drei seitlich und einer dorso-ventral zusammengepreßt sind. Zur Type wurde der auf Tafel I, Fig. 1—3 abgebildete Schädel (in Stuttgart) bestimmt, der prachtvoll erhalten ist, trotz seiner starken seitlichen Zusammenpressung. Seine Länge mißt vom Vorderrande des Vomer bis zum Hinterrande des Basioccipitale nicht weniger als 40 cm.

Das *Schädeldach* (Fig. 3) besteht aus sehr festen, oberflächlich rauhen Knochen, deren Nähte nicht mehr zu erkennen sind. Im hintersten Abschnitt ist es mit einer starken

Mediancrista versehen, die ihrer Lage nach zu urteilen, nur von dem Supraoccipitale gebildet wird. Rechts und links davon befinden sich die beiden schief nach hinten und außen verlaufenden vom Epioticum gebildeten oberen Schädelecken, an die sich beiderseits der Schultergürtel mit seinem Supraclaviculare anheftete. Sie reichen bei weitem nicht so weit rückwärts wie die Mediancrista. Etwas tiefer gelegen zeigt die linke Seite das vom Opisthoticum und Pteroticum gebildete untere Schädeleck.

Nach vorn zu beschreibt der Außenrand des Schädeldaches zunächst eine langgestreckte, nur wenig einwärts gekrümmte Kurve. Durch einen Vorsprung des Sphenoticums (Postfrontale), dessen Abgrenzung sowohl auf der rechten wie auf der linken Schädelseite gut sichtbar ist, wird der Einschnitt in eine vordere und hintere Hälfte zerlegt. Davor liegt im Bereich des Frontale die zwar kürzere, dafür aber tiefere Einschnürung, die den oberen Rand der Augenhöhle andeutet. Die Orbita ist sehr weit nach vorn verschoben; denn während die Entfernung vom Hinterende des Basioccipitale bis zum Mittelpunkt der Augenhöhle rund 26 cm beträgt, mißt die Entfernung vom Vorderende des Vomer bis zum gleichen Punkte der Orbita nur 13,5 cm.

Ganz vorn in der Ethmoidalregion fehlen die Nasalia, so daß die Oberfläche des Vomer sichtbar wird.

Die Occipitalregion ist infolge der starken seitlichen Zusammenpressung nicht so gut erhalten. Am wenigsten deformiert ist das widerstandsfähige massive Basioccipitale mit seiner ziemlich tief ausgeschnittenen schief nach vorn und unten gerichteten freien Fläche. Darüber treten deutlich die fest aufeinander gepreßten Gelenkflächen der Pleurooccipitalia hervor, über und zwischen denen der Eingang in die Gehirnkapsel sichtbar ist. Überlagert werden die Pleurooccipitalia von dem Supraoccipitale mit seiner starken Crista.

Die Seitenwand der Gehirnkapsel (Fig. 2) wird hauptsächlich vom Opisthoticum und Prooticum gebildet. Am Oberrand des letzteren liegt an der Grenze von Pter- und Sphenoticum die Anheftungsstelle für das Hyomandibulare, von der aus ein kräftiger, faseriger Knochenwulst schief nach unten und hinten über das Prooticum hinwegzieht. An seinem Vorder- und Hinterrand liegen zwei Vertiefungen, eine größere vorn und eine kleinere hinten. Sehr wahrscheinlich zog an dieser Stelle eine schmale Depression unter dem Knochenwulst durch zum Austritt des Nervus facialis und der Äste des Nervus trigeminus. Vor dem Prooticum liegen die großenteils noch erhaltenen fest aufeinander gepreßten Orbitosphenoidea. Vom y-förmigen Basisphenoid ist dagegen keine Spur mehr erhalten.

Die *Schädelbasis* (Fig. 1) wird vor allem durch das mächtige Parasphenoid gebildet. Im vorderen Abschnitt stabförmig gestaltet, ist es von der hinteren Hälfte der Orbita ab am Oberrand durch eine relativ dünne, nach rückwärts bald verschwindende Knochenlamelle beiderseits etwas verbreitert. In der hinteren Hälfte, etwas vor der Anheftungsstelle des Hyomandibulare, plattet sich das vorher rundliche Parasphenoid ab, verbreitert sich ziemlich, um alsdann wieder allmählich eingeschnürt zu werden. Vorn ist mit ihm der Vomer verwachsen, dessen distales Ende sichelförmig verbreitert und mit einem medianen Fortsatz nach vorn zu versehen ist. Die Unterseite dieses Abschnittes ist deutlich abgesetzt und mit den Einsatzstellen zahlreicher feiner Hechelzähnchen bedeckt. Auf der Oberseite ist der Vomer mit einer Crista versehen, an die sich die beiden aufsteigenden Äste der beiden Praemaxillen anlegten. Hinter dem Vomer liegen das linke und rechte Pleuroethmoid (Praefrontale) mit den beiden Gelenkstellen für das Maxillare und die Knochen der Gaumenreihe.

Die drei anderen Schädel, die nicht so vollständig erhalten sind, als der beschriebene, weichen in keinem Punkte von ihm ab, und zeigen auch ungefähr dieselbe Größe. Man kann sie also ruhig zur gleichen Art stellen. Die ganze Beschaffenheit des ausführlich beschriebenen Schädels spricht für enge Beziehungen zu den Perciden. Besonders groß ist die Übereinstimmung mit dem Schädel der Gattungen *Lates* und *Lucioperca*, von denen ich *Lates niloticus*, bezw. *Lucioperca americana* und *Lucioperca sandra* zum Vergleich heranziehen konnte. Hier wie dort haben wir dieselbe Form des Schädeldaches, dieselbe Art der Vomer-Bildung, die nur vom Supraoccipitale gebildete Crista und die weit nach vorn verlagerte Orbita. Die große Übereinstimmung des fossilen mit dem *Lates*- und *Lucioperca*-Schädel ergibt sich auch aus dem Vergleich der einzelnen Schädelabschnitte miteinander. Die beiden nachstehenden Tabellen geben darüber Auskunft.

Tabelle I

Länge vom	Fossiler Schädel	Lucioperca sandra	Lates niloticus
Hinterrand des Basioccipitale bis zum Vorderrand des Vomer (a)	40 cm	8,3 cm	25,5 cm
Vorderrand des Vomer bis zum Hinterrand des Praefrontale (b)	9,5 cm	1,9 cm	6 cm
Vorderrand des Postfrontale bis Hinterrand des Basioccipitale (c)	22,4 cm	4,8 cm	15 cm
Länge der Orbita (d)	8,4 cm	1,8 cm	5 cm

Tabelle II

Verhältnis der oben angeführten Maße zueinander.

Es verhalten sich die Längen:	Fossiler Schädel	Lucioperca sandra	Lates niloticus
a : b =	4,2 : 1	4,3 : 1	4,3 : 1
a : c =	1,8 : 1	1,7 : 1	1,7 : 1
a : d =	4,7 : 1	4,6 : 1	5,1 : 1

In der Bezahnung des Vomer schließt sich der beschriebene Schädel ganz der Gattung *Lates* an und entfernt sich dadurch gleichzeitig sehr deutlich von der Gattung *Lucioperca*, bei welcher der genannte Knochen außer feinen Bürstenzähnchen immer noch einige größere und kräftiger entwickelte Zähne aufweist. Die eozänen Hirnschädel müssen daher der Gattung *Lates* zugewiesen werden. Sie stellen die älteste bis jetzt bekannt gewordene *Lates*-Art aus dem Flußgebiet des Niles vor. Von dem heute im Nil lebenden *Lates niloticus* Cuv. unterscheidet sich der fossile Vorläufer durch die sichelförmige zahntragende Vomerfläche, die bei der rezenten Art mehr oder weniger dreieckig gestaltet ist. Mit den alttertiären *Lates*-Arten, von denen meist nur Abdrücke vorliegen (Woodward 1901), ist ein Vergleich zur Zeit nicht möglich. *Christigerina crassa* Ler., deren Ähnlichkeit mit der Gattung *Lucioperca* Leriche betont (1905, S. 79, Taf. 12, Fig. 33, 33a), scheint nicht zu *Lates* zu gehören. Die Cristen, die bei dieser Art zum oberen Schädeleck führen, konvergieren nach vorn zu bedeutend schwächer als es bei *Lates* der Fall ist. Im übrigen bietet das recht dürftige Bruchstück aus dem Yprésicn Belgiens kaum Vergleichsmöglichkeiten.

Fundort: Qerun-Stufe, Birket el Qerun, N. des Fajum; Qasr es Sagha-Stufe, N. des Fajum. Aufbewahrung: Stuttgart (Type), Frankfurt, München.

II. Gattung *Smerdis* Agassiz.

? Smerdis lorenti v. Meyer.

Vergl. v. Meyer 1851, S. 105, Taf. 12, Fig. 3. Egerton 1854, S. 374, Taf. 13. Fundort: Unterer Mokattam bei Kairo. Aufbewahrung: Fast vollständige Skelette, angeblich in Mannheim, aber nach freundlicher Mitteilung der Herren Prof. Strigel und Prof. Schwarzmann weder hier noch in Karlsruhe vorhanden.

Familie *Sparidae*.

I. Gattung *Ctenodentex* Storms.

Nach Storms (1896) weist die Gattung *Ctenodentex* sehr enge verwandtschaftliche Beziehungen zur Gattung *Lutjanus* auf. Sie ist ausgezeichnet durch hohen seitlich zusammengedrückten Körper, kurzen hohen Schädel und verhältnismäßig kleine Kiefer, die mit spitzen Zähnchen bedeckt sind. Weiterhin ist der Hinterrand des schlanken, unten fast kaum umgebogenen Praeoperculums gezähnelt und die Dorsalis auffallend hoch. Fast alle diese Gattungsmerkmale sind auch bei einem aus dem ägyptischen Tertiär stammenden Schädel zu erkennen.

1. *Ctenodentex* aff. *laekeniensis* (v. Beneden).

Taf. IV. Fig. 1, 2.

Der plastisch erhaltene Schädel dieser Art zeigt noch Reste der Wirbelsäule sowie Brust- und Bauchflosse.

Der Schädel ist verhältnismäßig plump, keilförmig und so lang als hoch. Seine Länge bis zum Hinterrand des Praeoperculums beträgt rund 9 cm, seine größte Höhe ebenso viel. Das Schädeldach steigt über der Mundhöhle steil an und ist mit einer Mediancrista versehen, die ungefähr über dem Hinterrand der Orbita beginnt. An der gleichen Stelle nehmen auch die beiden Parietalcristen ihren Ursprung, deren Enden das linke und rechte obere Schädeleck bilden. Zwischen den Augenhöhlen ist das Schädeldach stark eingeschnürt und hat nur noch eine Breite von 18 mm.

Vom Oberkiefer ist nur das proximale Stück der zahnlosen rechten Maxille vorhanden, das vorn noch deutlich die Grube zeigt zur Aufnahme des starken aufsteigenden Astes der Praemaxille (Fig. 1 P.M.)

Vorzüglich erhalten ist das linke kurze aber kräftige Dentale. Nur der Symphysenfortsatz ist zerstört. Sein Hinterrand ist tief eingeschnitten, seinem Oberrand entlang läuft ein scharf ausgeprägter Kanal. Die Oberkante des Dentale trägt noch einige kleine konische Zähne, deren Spitzen nach innen umgebogen sind. Der vorderste erhaltene Zahn ist etwas stärker und länger als die folgenden.

Hinter dem Dentale liegen das Articulare und Quadratum mit dem gut sichtbaren Kiefergelenk. Das Articulare reicht nach rückwärts etwas über die Gelenkpfanne hinaus und trägt an der hinteren unteren Ecke das kleine Angulare. Das Quadratum ist steil aufgerichtet. Über ihm liegen das Metapterygoid und das Hyomandibulare. Die nach vorn ziehenden Knochen des Gaumenbogens sind rechts noch etwas sichtbar.

Das Praeorbitale ist mächtig entwickelt, so lang als hoch. Seine Oberfläche ist mit vom Anheftungspunkt ausstrahlenden Radien versehen, sein Unterrand konzentrisch gestreift. Die dahinter gelegenen Suborbitalia bilden eine vorn etwas verbreiterte Knochenspange, welche die hoch oben liegende Orbita umrahmen.

Das Praeoperculum besteht aus einem langen, sehr geraden aufsteigenden, und einem kurzen, kaum abgebogenen unteren Ast. Seine Oberfläche ist glatt, mit Ausnahme des hinteren Abschnittes, der von zahlreichen radial verlaufenden Streifen bedeckt ist. Sehr wahrscheinlich war also der Caudalrand des Praeoperculums fein gezähnelt, nicht aber der Unterrand, da hier die oberflächliche Streifung fehlt. Im Gegensatz dazu ist das nicht vollständig erhaltene Operculum auf der Oberseite völlig glatt. Es ist ein schmaler Knochen, dessen Unterrand derart schief abgeschnitten ist, daß er mit dem Vorderrand einen sehr spitzen Winkel bildet.

Auf der Unterseite kommen zwischen den Dentalia einige Kiemenhautstrahlen zum Vorschein.

Von der Wirbelsäule sind noch 4—5 Wirbel erhalten, die fast unter einem rechten Winkel nach der Seite zu abgeknickt sind. Ihre Gestalt ist länglich, sanduhrförmig, und ihre seitliche Fläche weist zwei durch eine mediane Längsleiste getrennte Gruben auf. Die gut erhaltenen Haemalbögen sitzen weit vorn und sind nur wenig nach hinten geneigt.

Seitlich hoch oben liegt die noch teilweise erhaltene rechte Brustflosse an Bruchstücken des Schultergürtels. Sie bestand aus mindestens 10 Strahlen. Unter und nur wenig hinter ihr sitzt die Bauchflosse an einem kräftigen Becken, das teilweise im Abdruck vorliegt. Man erkennt an der Flosse noch einen 4 cm langen vorderen ungegliederten Stachel und darauf folgend 5 verzweigte Strahlen, die aber erst ziemlich distal Gliederung aufweisen.

Hinter dem rechten Operculum kommen noch einige unvollständige Abdrücke mittelgroßer Schuppen zum Vorschein, die auf dem bedeckten Abschnitt 5—6 fächerförmig auseinandergehende Streifen aufweisen. —

Der beschriebene Schädel mit den wenigen Rumpfresten stimmt mit *Ctenodentex laekeniensis* weitgehend überein. Die Form des Schädeldaches, seine Cristen, das Praeorbitale, die Suborbitalia, das Dentale, Articulare, Quadratum, Form, Stellung und Zähnelung des Praeoperculums, die Ventralia, sogar die Schuppen sind hier wie dort in völlig gleicher Weise entwickelt. Der einzige Unterschied, der sich auf Grund der sehr ausführlichen Darlegungen STORMS feststellen läßt, ist der, daß der Ventralstachel bei unserer Form anscheinend etwas schwächer entwickelt ist als bei der belgischen. Möglicherweise handelt es sich um eine neue Art, die aber mit *Ctenodentex laekeniensis* so nahe verwandt zu sein scheint, daß ich sie vorläufig nur als *Ctenodentex* aff. *laekeniensis* bezeichnen kann.

Fundort: Unterer Mokattam bei Kairo. Aufbewahrung: Museum Stuttgart.

2*

2. *?Ctenodentex magnus* n. sp.
Taf. II, Fig. 1, 2.

Diese zweite Art ist durch einen Schädel vertreten, der wie der vorhergehende durch sofortige Ausfüllung der beim Verwesen entstehenden Hohlräume mit Kalkschlamm plastisch erhalten blieb. Er mißt bis zum ungefähren Hinterrand des Operculums 23—24 cm, während seine größte Höhe bis zur Basis der Supraoccipitalcrista gegen 18 cm beträgt. Letzterer Betrag muß jedoch etwas größer gewesen sein, da das Schädeldach eingedrückt ist. Die rechte Schädelhälfte ist nämlich durch später einsetzenden Gebirgsdruck schief nach hinten und unten über die andere Seite gequetscht worden, so daß das Schädeldach auf die rechte Seite zu liegen kam (Fig. 2 S. D.). Es zeigt in seinem hinteren Abschnitt einen großen Teil der stark entwickelten Mediancrista, die mit den beiden andern paarig entwickelten Cristen zusammen etwas vor dem Hinterrand der Orbita beginnt. Die paarigen Cristen divergieren nach rückwärts nur wenig. Am oberen Schädeleck, in das die beiden mittleren Cristen auslaufen, ist besonders rechts das oberflächlich längsgestreifte Epioticum erhalten, das linkerseits noch mit dem Supraclaviculare in Verbindung steht. Die Grenzen der in der Mittellinie sich berührenden Frontalia sind teilweise gut erkennbar. Nach vorn reichen die Stirnbeine als schmale Fortsätze bis zur Nasalregion, und zwischen ihnen kommen noch Bruchstücke des Mesethmoids zum Vorschein. Rückwärtiger Fortsatz der Praemaxilla und Vorderrand der Frontalia berühren sich.

Die distal zugespitzte Praemaxille bildet den Oberrand des fast wagrecht gestellten Maules. Sie trägt kleine, in einer Reihe angeordnete, konische Zähnchen. Ihr Hinterende ist leicht abwärts gebogen. Darüber liegt die schlanke, zahnlose Maxilla, die am hinteren Ende, wie der linke Oberkiefer gerade noch erkennen läßt, abgeplattet und verbreitert war.

Am Unterkiefer fehlt die Symphysengegend. Das beiderseits gut erhaltene Dentale ist hinten tief eingeschnitten. Sein Oberrand trägt dieselben Zähne wie die Praemaxilla. Das linke Articulare, hinter dem noch das kleine Angulare zum Vorschein kommt, zeigt die tiefe Gelenkpfanne für das (auf der anderen Seite gerade noch erkennbare) Quadratum, das steil aufgerichtet ist. Das Articulare reicht caudalwärts etwas über den Hinterrand der Gelenkpfanne hinaus.

Zwischen den beiden Unterkiefern und am Unterrand des Kiemendeckels kommen einige kräftige, ebenmäßig gebogene Kiemenhautstrahlen zum Vorschein.

Vom Gaumenbogen liegen lediglich zertrümmerte Knochenplatten vor, die sich nicht mehr mit Sicherheit deuten lassen.

Am Schädeldach ist besonders rechtsseitig die Lage der Orbita durch eine leichte Einschnürung angedeutet. Auf der rechten und linken Schädelseite ist das oberflächlich vertikal gestreifte erste Infraorbitale (Praeorbitale) erhalten, das durch seine ganz bedeutende Größe sofort auffällt. Es war nach den vorhandenen Überresten zu urteilen, mindestens so lang als hoch. An der Verbindungsstelle mit dem Praefrontale ist sein Rand gerundet. Auf der linken Schädelseite stecken im Kalkstein noch das zweite und dritte Infraorbitale, zwei bedeutend kleinere und oberflächlich glatte Knochen.

Der Kiemendeckel ist nur teilweise erhalten. Vom Praeoperculum erkennt man ohne weiteres den großen, fast senkrecht aufsteigenden Ast, der mit dem kleineren unteren einen sehr stumpfen Winkel bildet. Seine Oberfläche ist glatt, die hintere Hälfte aber, besonders an der Umbiegungsstelle, senkrecht zum Caudalrand gestreift. Das Operculum ist ungefähr rechteckig, sein Unterrand schief nach vorn und unten zu abgeschnitten. Ihm schmiegt sich das noch teilweise erhaltene Suboperculum an, während unter seinem Dorsalrand das ursprünglich mit dem Epioticum in Verbindung stehende Supraclaviculare zum Vorschein kommt. Ventral vom Vordeckel liegt der Abdruck des Interoperculums. Alle Knochen des Kiemendeckels, mit Ausnahme des Praeoperculums, sind oberflächlich glatt.

Vom Schultergürtel ist das Claviculare sichtbar, das auf der linken Schädelseite noch mit dem Supraclaviculare zusammenhängt.

Spuren des Schuppenkleides sind als Abdrücke auf dem Interoperculum und hinter dem Schädeldach zu sehen. Auf der bedeckten Seite zeigen sie einige nach hinten zu leicht divergierende Streifen.

Die systematische Stellung des beschriebenen fossilen Restes ist recht schwer genau anzugeben. Vieles paßt ohne weiteres auf die Gattung *Ctenodentex*, wie aus dem Vergleich mit den Angaben von STORMS (1896) hervorgeht. Aber in Kleinigkeiten sind wiederum Abweichungen vorhanden. So verlaufen z. B. bei *Ct. laekeniensis* die seitlichen Cristen des Schädeldaches nach rückwärts mehr auseinander, und die interorbitale Einschnürung ist bei der belgischen Art stärker betont als bei der unsrigen.

Weitere Unterschiede ergeben sich aus der Form des zweiten und dritten Infraorbitale sowie der Maxilla, die bei unserem Exemplar gebogen, bei *Ct. laekeniensis* gerade ist, und aus dem gegenseitigen Größenverhältnis von Dentale und Articulare, indem der erstgenannte Knochen bei der ägyptischen Art relativ größer ist als bei der belgischen.

Andererseits besteht auch eine gewisse Ähnlichkeit mit der Gattung *Anthias*, von der ich den ungefähr 15 cm langen Schädel der Art *A. filamentosus* aus dem Stuttgarter Museum zum Vergleich heranziehen konnte. In der Form und Zähnelung des Praeoperculums, dem steil aufgerichteten Quadratum, dem stark entwickelten I. Infraorbitalen, der Bezahnung u.s.w. besteht ziemlich lebhafte Übereinstimmung. Doch steigt das etwas gewölbte Schädeldach bei *Anthias* zu steil an, das erste Infraorbitale ist in der Richtung von vorn nach hinten zu breit, breiter als hoch, und die Schuppen sind bei *A. extensus Klz.* auf der bedeckten Fläche mit einigen unregelmäßig aussehenden ungefähr parallel verlaufenden Streifen versehen. Gerade in diesen Punkten schließt sich der beschriebene Schädel wiederum der Gattung *Ctenodentex* an. Alles in allem betrachtet ist die Übereinstimmung des Schädels aus dem ägyptischen Eozän mit der Gattung *Ctenodentex* größer als mit der Gattung *Anthias*, weshalb ich ihn auch, allerdings mit einem Fragezeichen, zu *Ctenodentex* stelle.[1]

Von der zuerst beschriebenen Art *Ct. cfr. laakeniensis* unterscheidet sich der vorliegende Schädel außer durch seine bedeutende Größe sehr deutlich durch seine abweichenden Proportionen. So mißt der Abstand der Unterkiefer-Symphyse bis zum Hinterrand des Kiefergelenkes bei *Ct. laakeniensis* 4 cm, bei der zweiten Art 13 cm; der Abstand des Dorsalendes des Praeoperculums von der Gelenkpfanne bei *Ct. laakeniensis* 6,5 cm, bei dem großen Schädel 13—14 cm. Oder mit anderen Worten: Das Verhältnis der beiden genannten Entfernungen beträgt bei *Ct. laakeniensis* 1:1,5, bei der zweiten Art dagegen

---

[1] Ein Vergleich mit der scheinbar recht nahestehenden, aber nur dürftig bekannten Sparidengattung *Burtinia* ist nicht möglich. Nach den Angaben von LERICHE (1905, S. 201) scheint jedoch das Articulare nicht über den Hinterrand der Gelenkpfanne hinauszuragen.

1:1, wobei betont werden muß, daß die zum Messen benutzten Punkte bei beiden Schädeln durchaus ihre natürliche Lage zueinander einnehmen.

Der große Schädel stammt demnach von einer neuen Art, für welche die Bezeichnung *? Ctenodentex magnus* in Vorschlag gebracht wird.

Fundort: Unterer Mokattam. Aufbewahrung: Museum Stuttgart.

II. Gattung * *Diplodus* RAFINESQUE.

(*Sargus* CUVIER).

? * *Diplodus* sp.

Taf. VI, Fig. 36.

Zu dieser Gattung gehören sehr wahrscheinlich einige Zähne, die an menschliche Schneidezähne erinnern, und wovon einer auf Taf. VI. Fig. 36 abgebildet ist.

Fundort: Unterster Mokattam bei Kairo. Aufbewahrung: Stuttgart.

Ordnung Pharyngognathi.

Familie *Labridae.*

I. Gattung *Platylaemus* DIXON.

Platylaemus mokattamensis n. sp.

Taf. III, Fig. 5; Taf. V, Fig. 1—8, 9—20.

Von der Gattung *Platylaemus* kennt man bis jetzt nur die paarig ausgebildeten oberen und die unpaarigen unteren Kauplatten, deren Oberfläche aus einer dichten Dentinmasse besteht, die aus lauter sehr feinen, unter sich parallel verlaufenden Vertikalröhrchen zusammengesetzt ist. Zahnplatten von dieser Beschaffenheit finden sich auch im Mitteleozän Ägyptens.

A. Obere Kauplatten.

Taf. 5, Fig. 9—13, 15—16.

Als obere Kauplatten sind die auf Taf. 5, Fig. 9—13, 15, 16 abgebildeten, von verschieden alten Tieren stammenden Reste aufzufassen. Ihre ganze Ausbildung verrät, daß immer zwei mit der Längsseite nebeneinander lagen, der unpaarigen unteren Kauplatte gegenüber. Bei einigen sind noch Spuren einer knöchernen Unterlage vorhanden, bei den meisten dagegen ist nur der harte, widerstandsfähige Dentinüberzug erhalten. Er zeigt deutlich die für *Platylaemus* bezeichnende, unter sich parallele Vertikalfaserung.

Die Form der Kauplatten ist ungefähr trapezförmig, doch sind nicht selten die Ecken abgerundet. Die Plattenbreite wird von der Länge leicht übertroffen. Auf der meist schwach vertieften, manchmal fast ebenen und immer fein punktierten Oberfläche liegen vornehmlich am Rand kleine unregelmäßig gestaltete Grübchen, die beim Gebrauch zu verschwinden scheinen. Wenigstens sind sie an abgenutzten Stellen nicht mehr zu beobachten.

Beim Vergleich der linken und rechten oberen Kauplatten gewinnt man den Eindruck, daß mitunter die der rechten Seite etwas schlanker sind, als die linken.

An der in Fig. 15, 16 wiedergegebenen Platte kann man noch die Art der Befestigung feststellen. Die in der Abbildung 15 rechts gelegene Seite zeigt noch bei * den Rest eines knöchernen Stieles, der schief nach rückwärts geht. Außerdem läßt dieselbe Kauplatte noch klar erkennen, daß sie nach rückwärts in einen Knochenfortsatz auslief, der irgendwo am Visceralskelett angewachsen war. Auch bei der Ansicht von oben treten beide Anheftungsflächen deutlich hervor (Fig. 16).

B. Untere Kauplatte.
Taf. III, Fig. 5; Taf. V, Fig. 1—3, 14, 17—19.

Der Beschreibung zu Grund liegt die in Fig. 1—3 abgebildete Kauplatte. Sie ist ungefähr 2,5 cm lang und ungefähr ebenso breit. Ihre Oberfläche ist im Umriß birnenförmig mit flach gebogenem Vorderrand und stark gebogenen Seitenrändern. Nach rückwärts setzt sie sich in einen knöchernen, von Dentin überzogenen Stiel fort, mit dessen Hilfe sie sehr wahrscheinlich an irgend einer Stelle des Schädels angewachsen war.

Die Kaufläche ist in der Mitte leicht vertieft[1]) und überaus fein punktiert, die erhöhten Ränder sowie die der Mundhöhle zugewandte Fläche des Stieles dagegen mit zahlreichen unregelmäßigen flachen Grübchen versehen. An Bruchstellen zeigt sich deutlich, daß die Platte aus zwei grundverschiedenen Geweben besteht: einer knöchernen Unterlage, die meist recht dünn ist, und einer die Kaufläche bildenden Dentinschicht aus zahlreichen vertikal und parallel zu einander verlaufenden Fasern. Im Querschliff (Taf. III, Fig. 5, Taf. V, Fig. 20) erkennt man, daß die Fasern in Wirklichkeit englumige Röhrchen sind, die einst zur Ernährung des Zahnes dienten. Ihre vieleckige bis runde Wand besteht aus mehreren Lagen einer konzentrisch abgeschiedenen anorganischen Substanz, deren Grenzen bei starker Vergrößerung durch Heben und Senken des Tubus deutlich hervortreten. Senkrecht zur Oberfläche verlaufen vom zentralen Hohlraum aus sehr feine, leider meist schlecht imprägnierte Dentinröhrchen, die distal mehrfach unter spitzem Winkel Äste abgeben. Alle vertikal aufsteigenden Zentralkanäle stehen miteinander durch Querkanäle in Verbindung, die ebenfalls zahlreiche Dentinröhrchen in die Zahnsubstanz ausstrahlen.

Die knöcherne Unterlage (Fig. 3, 19) bildet eine dreieckige Fläche, die links und rechts von je einem rundlichen, sehr fein längs gestreiften und etwas über die Oberfläche sich erhebenden Knochenbalken umrahmt wird. Am leicht vorgezogenen Vorderrand erhebt sich die Knochenmasse zu einer quer verlaufenden, etwas nach hinten geneigten Crista, die beiderseits flügelartig über die Kaufläche hinausragt. Ihr linkes und rechtes Ende sind senkrecht nach unten gebogen. Von der etwas erhöhten Mitte der Quercrista zieht senkrecht zu ihr nach rückwärts eine Mediancrista, die vorn eine sehr beträchtliche Höhe aufweist, nach hinten zu, soweit sich das noch feststellen läßt, jedoch niedriger wird. Rechts und links von ihr fällt die oben erwähnte dreieckige Grundfläche der Knochenmasse dachartig nach den Seitenrändern zu ab.

Die systematische Stellung der Zahnplatten war schwer zu ermitteln, da sie Beziehungen sowohl zu *Plethodus — Trypthodus* aus der jüngeren Kreide, als auch zu *Platylaemus* aus dem Alttertiär aufweisen. Mit *Plethodus — Trypthodus* stimmt vor allem die Struktur der Dentinmasse überein (vergl. zu den obigen Ausführungen WOODWARD 1907, S. 107, Taf. 22, Fig. 5). Der einzige wichtige Unterschied, der auffällt, ist der, daß bei *Plethodus* die Vertikalkanäle nicht durch Querkanäle miteinander in Verbindung zu stehen

---

[1]) Die Vertiefung scheint wie bei den oberen Kauplatten erst durch den Gebrauch zu entstehen. Wenigstens zeigt die in Fig. 17, 18 abgebildete Platte, bei der alle knöcherne Substanz fehlt und die kaum angekaut ist, eine flach gewölbte Oberfläche mit leiser Andeutung von Vertiefungen infolge Gebrauchs.

scheinen. Bei der Untersuchung eines von Herrn v. STROMER angefertigten und mir freundlichst zum Vergleich überlassenen Querschliffs durch den Dentinbelag der Kauplatte einer noch nicht beschriebenen *Plethodus*-Art aus der mittleren Kreide Ägyptens stellte sich aber heraus, daß auch bei dieser Gattung derartige Querverbindungen existieren, wenn auch nicht so häufig. Aber trotz aller Ähnlichkeit in der Struktur passen die beschriebenen eozänen Kauplatten ihrer Form nach nicht zu *Plethodos* oder *Trypthodus*, stimmen vielmehr gerade darin völlig mit *Platylaemus* überein. Da DIXON (1850) die Kauplatten, auf die er diese Gattung gründete, recht knapp beschrieb, verglich auf meine Bitten hin Herr Prof. Dr. E. J. WHITE ihm übersandte Zeichnungen nebst Beschreibung der ägyptischen Kauplatten mit Dixon's Original zu *Platylaemus colei* im Britischen Museum zu London. Nach seiner freundlichen Mitteilung, für die ich ihm auch an dieser Stelle meinen herzlichsten Dank ausspreche, gehören die in Frage stehenden Kauplatten bestimmt nicht zu *Plethodus* oder einer *Plethodus* verwandten Gruppe, sondern ganz zweifelsfrei zur Gattung *Platylaemus*.

Die Übereinstimmung der unteren Kauplatte unserer Art mit *Platylaemus colei* ist so groß, daß, läge sie allein, vom Knochengewebe befreit, vor, man sie artlich nur schwer davon abgrenzen könnte. Dagegen weichen die oberen Kauplatten derart von den durch DIXON beschriebenen (1850, Taf. 12, Fig. 11) ab, daß man sie keineswegs der gleichen Art zuweisen kann. Auch bei *Platylaemus nigeriensis* aus dem Mitteleozän von Nigeria (WHITE 1926, S. 64, Taf. 16, Fig. 11) sind die oberen Kauplatten (die einzigen bekannten Überreste dieser Art) am Vorderrand mehr abgerundet, schlanker als die gleichalterigen ägyptischen und von mehr dreieckiger Gestalt, so daß sie ebenfalls nicht in Betracht kommen. Da zur Zeit keine weitere Art dieser fossilen Gattung bekannt ist, müssen die beschriebenen Reste einer neuen Art zugewiesen werden, für die ich den Namen *Platylaemus mokattamensis* vorschlage.

Fundort: Unterer Mokattam bei Kairo. Aufbewahrung: Stuttgart.

II. Gattung *Egertonia* COCCHI.

Egertonia stromeri sp. nov.

Taf. III, Fig. 6—8.

Zur Gattung *Egertonia* gehören zwei prachtvoll erhaltene Zahnplatten, die nach Form und Größe als Schlundknochen ein und derselben Art aufzufassen sind.

A. Oberer Schlundknochen.

Fig. 8.

Die Umrißlinie des oberen Schlundknochens ist ungefähr elliptisch. Seine Länge beträgt 5,9 cm, seine größte Breite 4 cm und seine größte, im vorderen Abschnitt gelegene Dicke 2 cm. Während der an der rechten Seite leicht beschädigte Hinterrand regelmäßig gerundet erscheint, ist der Vorderrand stumpf und in der Mitte leicht eingeschnitten. Die untere oder Kaufläche ist vorn stark konvex, in der hinteren Hälfte dagegen nur etwas quergewölbt und in der Längsrichtung schwach vertieft, wie aus der Abbildung Fig. 8 zu ersehen ist. Nach den Rändern zu nimmt die Dicke der Zahnplatte überall ab.

Die Kaufläche ist mit dicht stehenden, unregelmäßig angeordneten Mahlzähnchen bedeckt, deren Form meist ungefähr halbkugelförmig ist. Oft sind sie jedoch auch oval oder gar etwas unregelmäßig gestaltet, sehr wahrscheinlich infolge der Beengung durch die benachbarten Zähne.

Die Zähne des mittleren Abschnittes zeigen den größten Durchmesser. Nach dem Rande zu werden sie allmählich kleiner, z. T. sogar ganz schwach konisch.

Am stärksten abgenutzt ist der hinten oberflächlich etwas konkave Teil der Kauplatte, die in dieser Gegend eine ganze Reihe von stark abgekauten Zähnen aufweist, durch deren stehengebliebene Überreste die Kronen der von unten her sich einschiebenden Ersatzzähne hindurchblicken. Abnutzung zeigen in erster Linie die randlichen Zähne, während die großen zentralen am wenigsten verbraucht erscheinen.

Die zur Befestigung dienende Oberseite ist flach mit etwas erhöhten Rändern, nur vorn ist sie leicht abwärts gebogen.

B. Unterer Schlundknochen.
Fig. 6, 7.

Die Zahnplatte kann ihrer ganzen Form nach nur als die Gegenplatte der oben beschriebenen angesehen werden. Sie ist etwas größer, wie aus folgenden Maßangaben hervorgeht.

Größte Länge des zahntragenden Teiles 7 cm.
Größte Breite des zahntragenden Teiles 5 cm.

Der Umriß des gemessenen Teiles ist oval, Hinter- und besonders Vorderrand aber breit und abgestumpft. Letzterer zeigt außerdem wie die obere Platte an der entsprechenden Stelle einen schwachen Einschnitt.

In der Mitte ist der Schlundknochen tief eingesenkt, und zwar derart, daß die tiefste Stelle etwas nach vorn zu liegt. Nach rückwärts wird der Knochen flacher, und eine randliche Aufwulstung, die seitlich und am Vorderende zu beobachten ist, verschwindet.

Alle Zähne besitzen dieselbe Form wie die in der oberen Platte. Die größten liegen in der zentralen Partie, die kleineren dagegen an den Rändern. Diese sind auch am stärksten abgenutzt, besonders die hintern, während die großen zentralen Zähne nur geringfügige Abnutzung erlitten haben. Das stimmt ganz mit dem Befund bei der andern Kauplatte überein.

Die zahnlose Unterseite der Kauplatte ist gewölbt und besteht aus einem faserigen Knochen, der, wie Bruchflächen verraten, vorn und hinten an mehreren Stellen mit Knochen des Kiemenapparates verwachsen war, wobei die mittlere vorn und hinten den Knochenrand zapfenförmig überragt.

Die allgemeine Gestalt der beiden Schlundknochen, der Einschnitt am Vorderrand, die Oberflächenform, und die im Großen und Ganzen gleichartige Ausbildung der Mahlzähne sind für die Gattung *Egertonia* bezeichnend. Unter den bis jetzt bekannt gewordenen Arten dieser für das Alttertiär, speziell Eozän charakteristischen Gattung, zeigt *Egertonia isodonta* Cocchi aus dem Untereozän der Insel Sheppey (Literatur in WOODWARD 1901, S. 550), von der auch oberer und unterer Schlundknochen vorliegen, die meiste Ähnlichkeit mit unserer Art. Zwar stammen die englischen Kauplatten von einer etwas kleineren Form, aber das Verhältnis von Länge und Breite ist bei beiden ungefähr gleich, 1,3 bei *E. isodonta* gegenüber 1,4 bei der unsrigen. Dagegen zeigen sich in der Art der Zahnanordnung auf der oberen Platte weitgehende Unterschiede. Während nämlich bei der ägyptischen Art die Mahlzähne unregelmäßig verteilt stehen, sind sie bei *Egertonia isodonta* in Längsreihen angeordnet. Von einer artlichen Übereinstimmung beider Formen kann daher, selbst wenn man keinen Wert auf den Größenunterschied legt, keine Rede sein. Auch *Egertonia gosseleti* (Leriche 1900, S. 175, Taf. 1, Fig. 1, 1a, Textfig. 1; Leriche 1906, S. 347; Priem 1902 als E. isodonta) gegenüber ergeben sich wichtige Unterschiede, vor allem dadurch, daß unsere Art relativ schmäler ist, während beide in der Art, wie die Mahlzähne angeordnet sind, übereinstimmen.

Die zwei aus dem ägyptischen Eozän beschriebenen Schlundknochen stellen demnach eine neue Art vor, die ich zu Ehren des Forschers, der so viel zur geologischen und paläontologischen Kenntnis Ägyptens beigetragen hat, als *Egertonia stromeri* bezeichne.

Fundort: Sagha-Stufe, nördlich von Qasr Qerun, N. Fajum. (obere Kauplatte). Mittlere Sagha-Stufe, Qasr es Sagha (untere Kauplatte). Aufbewahrung: München (obere Kauplatte), Stuttgart (untere Kauplatte).

Ordnung Scombriformes.
Familie *Scombridae*.
Gattung *Cybium* Cuvier.
Cybium sp.
Taf. V, Fig. 4—6; Taf. VI, Fig. 15, 16, 17.

Scombridenreste finden sich unter der Ausbeute aus dem ägyptischen Eozän nur spärlich. Die wichtigsten sind zwei Bruchstücke ein und desselben Dentale, wovon das eine den Anfang mit der Symphyse darstellt (Fig. 4), während das andere aus einem weiter rückwärts gelegenen Abschnitt stammt (Fig. 5, 6).

Das Bruchstück mit der Symphyse ist noch 5,3 cm lang, an der Symphyse 2,2 cm hoch und 1,9 cm dick. Durch eine scharf ausgeprägte ventrale Einschnürung ist der vorderste 1,3 cm lange Abschnitt vom übrigen Knochen deutlich abgesetzt. 1,8 cm hinter der Symphyse liegt der erste erkennbare Sockelrest eines Zahnes.

Das zweite Bruchstück mißt 4,5 cm und stellt einen seitlich abgeplatteten Knochen vor, dessen Oberkante auf eine Länge, die das Doppelte der Symphysenhöhe darstellt, die Einsatzstellen und Stümpfe von 7 Zähnen aufweist. Alle sind mit Hilfe eines Sockels tief in den Knochen eingesenkt, seitlich abgeplattet und waren, wie man hie und da noch erkennen kann, mit schneidendem Vorder- und Hinterrand versehen. Das Zahninnere ist, wie die Bruchflächen zeigen, massiv und von vielen englumigen Längskanälen durchzogen. Das deutet darauf hin, daß die Zähne sehr wahrscheinlich aus *Osteodentin* (Tomes 1914) oder Trabekulardentin aufgebaut waren.

Nach der Bezahnung kann man anfangs im Zweifel sein, ob die beiden Bruchstücke zur Gattung *Cybium* oder *Sphyraena* gehören. Gegen letztere Gattung spricht entschieden die größere Dicke der Zähne und vor allem die Form der Symphyse, die bei Sphyraena, wie ich mich bei *Sph. obtusa, novae hollandae* und *affinis* überzeugen konnte, im Gegensatz zu der von Owen gegebenen Abbildung von Sph. *barracuda* (Taf. 53, Fig. 1), basal immer in einen nach vorn ragenden Fortsatz ausgezogen ist. Dagegen treffen wir innerhalb der Gattung *Cybium* genau dieselbe Symphysenform an, wie sie unsere Fig. 4 zeigt.

Fundort: Unterer Mokattam bei Kairo. Aufbewahrung: Stuttgart.

Außer dem soeben beschriebenen Kieferrest liegen noch aus der Qerun-Stufe (Birket el Qerun im Norden des Fajum) drei isolierte Zähne vor, die in ihrem Aussehen durchaus an die Zähne der Gattung *Cybium* erinnern (Taf. VI, Fig. 15—17). Sie sind symmetrisch zugespitzt, seitlich zusammengepreßt, mit schneidendem Vorder- und Hinterrand und distal leicht einwärts gebogen. Ihre Innenseite ist basal stärker gewölbt, als die entsprechende Außenseite. Von dem ursprünglich vorhandenen Sockel ist nichts erhalten. An eine artliche Benennung der Zähne ist natürlich nicht zu denken.

Familie *Xiphiidae*.
I. Gattung *Xiphiorhynchus* v. BENEDEN.
Xiphiorhynchus aegyptiacus sp. nov.
Taf. I, Fig. 4; Taf. VI, Fig. 29.

Von dieser Art wurde der basale Abschnitt eines Rostrums gefunden, dessen Oberfläche durch fest anhaftendes Gestein leider z. T. verdeckt wird.

Seine Breite am Hinterende beträgt 5,5 cm, die größte meßbare Höhe nur 3,4 cm, ist also mehr als $1\frac{1}{2}$ mal in der Breite enthalten. Nach vorn zu verschmälert es sich allmählich.

Die Oberfläche (Fig. 4) ist in der hinteren Hälfte von einer nach vorn zu auslaufenden Medianfurche durchlaufen, der letzten Andeutung der einstigen Trennungslinie zwischen den miteinander verwachsenen Praemaxillen, die das Rostrum bilden. Links und rechts davon liegen zwei sehr seichte Längsvertiefungen, die rückwärts zu den Nasenlöchern führten. Die Wölbung der Oberfläche ist proximal gering, nimmt aber distal rasch zu.

Die Unterseite des Rostrums ist flach (Fig. 29), und wo sie unverletzt unter dem Gestein hervorkommt, sieht man zahlreiche Einsatzstellen für sehr feine Bürstenzähnchen, die allem Anschein nach bis zu den seitlichen Rändern hin saßen.

In der hinteren Partie ist das Rostrum oberflächlich regelmäßig und dicht längs gestreift, nach vorn zu wird es dagegen runzelig. Auf der Unterseite ist die Zeichnung in der Hauptsache auf die randliche Partie beschränkt.

Die vordere Bruchfläche des Rostrums wurde etwas glatt geschliffen, um genaueres über seinen Aufbau im Inneren zu erfahren. Der Querschnitt (Fig. 29) zeigt die sehr stark gewölbte Oberseite mit den gerundeten Kanten, sowie die nur angedeutete Wölbung der Unterseite. Auf der Schlifffläche kommen links und rechts je zwei ungefähr übereinander liegende Kanäle von rundlichem Querschnitt zum Vorschein, die durch ihre Ausfüllung mit hellerem Gesteinsmaterial sich deutlich von der Umgebung abheben. Der untere liegt immer etwas seitlicher als der obere. Von einem Zentralkanal ist keine Spur mehr vorhanden.

In seinem Aussehen und seinen Proportionen gleicht das beschriebene Rostrum sehr dem von *Xiphiorhynchus*, wie es LERICHE 1905, S. 158, Taf. 11, Fig. 1 beschrieben hat. Daß das belgische nach LERICHE's Angaben nur auf der Oberfläche runzelig ist, erklärt sich zwanglos daraus, daß bei ihm der proximale Teil, der allein die regelmäßigere Streifung aufweist, nicht mehr erhalten ist. Trotz alledem bestehen auch einige Verschiedenheiten zwischen beiden Rostren. So endet bei unserem Exemplar der sogenannte Zentralkanal früher als bei *X. priscus*. Denn WOODWARD gibt (1901, S. 496, Textfig. 18, 1) einen Querschnitt wieder von dem Rostrum der letztgenannten Art, der seinem ganzen Aussehen nach (starke Wölbung der Oberseite, große Höhe bei relativ geringer Breite) nur aus einem noch weiter vorn liegenden Abschnitt stammen kann, als der von uns abgebildete, und dieser Querschnitt zeigt noch immer den allerdings schon sehr eng gewordenen Zentralkanal. Bei unserer Art endet also dieser Kanal früher als bei *X. priscus*. Dazu kommt als weitere Differenz eine viel stärkere Wölbung des Rostrums bei *X. priscus*, wie sie ohne weiteres aus den Querschnittsbildern hervorgeht, die WOODWARD gibt, vor allem aus dem Querschnitt 1 a, der aus einem ganz weit zurückliegenden Abschnitt stammt, aber schon viel stärker gewölbt ist, als das von uns beschriebene Rostrum an seinem durch Bruch bedingten Vorderrande. Es ist deshalb nicht möglich, beide Rostren trotz ihrer sonstigen großen Ähnlichkeit artlich miteinander zu vereinigen. Auch das von ARAMBOURG aus dem Sahélien von Oran beschriebene Rostrum von *X. courcelli* (1927, S. 173, Taf. 26, Fig. 3 u. Fig. 40 im Text) kommt nicht in Betracht, vor allem wegen seiner ganz abweichenden Proportionen und der Unterschiede in Form und Lage der Nährkanäle, ebenso wenig das zierliche Rostrum von *X. elegans* (LERICHE 1905, S. 193, Taf. XI, Fig. 2). Für die neue Art schlage ich die Bezeichnung *Xiphiorhynchus aegyptiacus* vor.

Fundort: Sagha Stufe, Kasr el Sagha.

Aufbewahrung: Museum Stuttgart.

II. Gattung *Cylindracanthus* LEIDY. [1]

1. *Cylindracanthus rectus* (AG.).

Taf. III, Fig. 1—4; Taf. VI, Fig. 18—20.

Unter dem fossilen Material aus dem ägyptischen Eozän befindet sich eine ganze Reihe von Rostren-Bruchstücken mit allen Merkmalen der Gattung *Cylindracanthus*. Sie lassen sich leicht durch ihre Form, vor allem durch die verschiedenartige Ausbildung der oberflächlichen Längsleisten auf zwei verschiedene Arten beziehen. Die auf Taf. III, Fig. 1—4 abgebildeten Reste gehören der gleichen Spezies an und zwar stammen sie aus dem proximalen und dem distalen Abschnitt des Rostrums.

Das zuerst erwähnte Bruchstück (Fig. 1—2) ist dorso-ventral abgeplattet, an den Seiten gerundet und nach vorn zu nur wenig verjüngt. Seine Oberfläche durchzieht eine breite Längsfurche, die hinten ziemlich tief eingesenkt ist, sich nach vorn zu aber verflacht. Die Unterseite weist eine entsprechende, aber viel seichtere Längsdepression auf. Dadurch wird das hintere Rostrum-Bruchstück in eine linke und rechte Hälfte zerlegt, die im Innern von je einem eckig gerundeten Längskanal durchzogen werden. Bemerkenswerterweise zeigt der rechts gelegene Kanal ein weiteres Lumen als der auf der linken Seite. Die ganze Oberfläche des Bruchstückes ist mit dicht nebeneinander gelegenen Längsrippen versehen, die auf der Oberfläche etwas unregelmäßiger ausgebildet sind als sonst, und im hintersten medianen Abschnitt die Neigung zeigen, miteinander zu verschmelzen, und eine mehr oder weniger glatte Fläche zu bilden. Der Querschnitt der Längsrippen zeigt die Form eines gleichschenkligen Dreiecks.

Die beiden anderen distalen Bruchstücke stammen von einem größeren Rostrum, das in seinen Proportionen zu dem soeben beschriebenen paßt, und einem kleineren. Beide sind walzenförmig, ihr Querschnitt kreisrund. Nach vorn zu verjüngen sie sich kaum merklich. Der einfach ausgebildete Zentralkanal ist bei beiden dorso-ventral leicht abge-

---

[1] Über die systematische Stellung von *Cylindracanthus* vergl. LERICHE 1925 u. WOODWARD 1927.

plattet (Fig. 19, 20). Alle Längsrippen auf der Oberfläche sind regelmäßig ausgebildet und stehen dichter aufeinander als bei dem zuerst beschriebenen Bruchstück aus dem proximalen Abschnitt.

Die beschriebenen Reste stimmen mit den vor allem durch LERICHE beschriebenen fast vollständigen Rostren von *Cylindracanthus rectus* (AG.) völlig überein (LERICHE 1905, S. 160, Taf. 11, Fig. 4—6). *Cylindracanthus rectus* ist aus dem Eozän Belgiens, des Londoner und Pariser Beckens, Italiens, Nigerias und sehr wahrscheinlich auch aus dem ehemaligen Deutsch-Süd-West-Afrika bekannt.[1]) Unbestimmbare Reste kennt man auch aus dem Eozän Indiens[2]) und der Ostküste Nordamerikas.[3])

Fundort: Qerun-Stufe, weißliche Mergel, N. W. von Qasr Qerun im Norden des Fajum.

Aufbewahrung: München.

2. Cylindracanthus gigas (WOODWARD).

Taf. IV, Fig. 3—5; Taf. VI, Fig. 37.

Die zweite Art ist durch einige dürftige Bruchstücke von Rostren vertreten, die sich sofort durch ihren bedeutenderen Durchmesser von den soeben beschriebenen unterscheiden. Alle zeigen einen kreisförmigen Querschnitt, stammen also aus dem distalen Abschnitt, und sind der Länge nach von einem dorso-ventral etwas abgeplatteten Längskanal durchzogen (Fig. 37). Während die meisten nach vorn zu sich nur ganz wenig verjüngen, ist das in Fig. 3 wiedergegebene stark zugespitzt. Es stammt aus der äußersten distalen Partie des Rostrums.

Bei allen Bruchstücken ist die Oberfläche mit verhältnismäßig sehr dicht nebeneinander liegenden, im Gegensatz zu *C. rectus* außen abgeflachten Leisten bedeckt (Fig. 37). Gar nicht selten beobachtet man, daß nach vorn zu zwei solcher Rippen zusammenlaufen.

Auf alle Bruchstücke paßt restlos die Beschreibung WOODWARD's vom Rostrum des *Cylindracanthus gigas* (WOODWARD 1888). Diese Art ist außer im ägyptischen Eozän auch in den ungefähr gleichalterigen Ablagerungen Nigerias durch ein allerdings nicht ganz beweiskräftiges Bruchstück nachgewiesen. (WHITE 1926, S. 71, Taf. 17, Fig. 6).

Fundort: Unterer Mokattam bei Kairo.

Aufbewahrung: Stuttgart.

Ordnung Plectognathi. Unterordnung Sclerodermi.

Familie Trigonodontidae.

Gattung *Eotrigonodon* n. g.

Syn. *Ancistrodon* DEBEY.

Eotrigonodon serratus (GERVAIS) var. *aegyptiaca* (PRIEM).

Taf. V, Fig. 21; Taf. VI, Fig. 21—28.

Hierher gehören eine ganze Reihe gut erhaltener Zähne, sowie einige Bruchstücke. Alle Zähne bestehen aus einer mit Schmelz überzogenen Krone, die auf einem schmelzfreien, meist abgebrochenen Sockel sitzt. Die Krone ist Schneidezahn-artig, lang gestreckt,

---

[1]) LERICHE 1905, 1906; BASSANI 1899; WHITE 1926; BÖHM 1926.

[2]) LYDEKKER 1884—86, 1887.

[3]) MARSH 1870.

viel länger als hoch. Ihr verdicktes Vorderende ist abgeplattet und das zugespitzte Hinterende ragt weit über die Kronenbasis hinaus. Die obere Kante läuft der unteren im allgemeinen parallel, beschreibt aber bei noch nicht oder kaum abgenutzten Stücken einen
nach oben leicht konvexen Bogen. Alle Zähne sind derart gebogen, daß sie nach außen
konvex erscheinen. Die Außenseite ist in der unteren Hälfte glatt, in der oberen dagegen
vertikal gestreift, und der Oberrand gezackt. Beides, Zackung und Streifung, variieren.
So gibt es Zähne, bei denen die stark ausgebildete randliche Kerbung bis weit nach vorn
reicht, während sie bei andern wieder schwach ist und mehr auf den hinteren Abschnitt
beschränkt bleibt (Fig. 22, 25). Ebenso kann auch die Streifung bei den einen sehr deutlich
sein, bei anderen dagegen fast fehlen. Durch den Gebrauch verschwindet die Kerbung
der Oberfläche allmählich.

Die Innenseite der Zahnkrone (Fig. 23, 24) zeigt einen basalen, nach innen verdickten
und sockelartig vorspringenden Abschnitt, auf dem der obere muschelförmig vertiefte sitzt.
Der untere Abschnitt ist völlig glatt, seine obere Kante dagegen längs mit Höckern besetzt,
die nach oben zu, auf der Basis des muschelförmigen Teiles, als Vertikalwülste auslaufen,
ohne den schneidenden Zahnrand zu erreichen. Diese Höcker werden rasch abgeschliffen,
und zwar meistens zuerst die hinteren, sodaß unter ihnen das Dentin in Form kleiner
dreieckiger Flächen zum Vorschein kommt. Durch weitere Abnutzung entsteht dann auf
der Innenseite an der Grenze der beiden Kronenabschnitte ein schmales Band wo der
Schmelz fehlt, das allmählich nach unten und vor allem nach oben zu größer und größer
wird (Fig. 23—24). Bei einem Zahn (Fig. 26), der keinerlei Spuren einer Abrollung durch
Transport zeigt, ist fast in der ganzen oberen Kronenhälfte durch Abnutzung innen der
Schmelz entfernt.

Außer Zähnen von diesem Typus erwähnen PRIEM (1907) und LERICHE (1922) noch
eine zweite Art aus dem ägyptischen Tertiär unter dem Namen *Trigonodon laevis*, von
dem mir auch einige Exemplare vorliegen. Sie unterscheiden sich sofort von den oben beschriebenen Zähnen durch ihre symmetrischere Form und durch den Mangel einer jeglichen
Zähnelung und Streifung (Taf. VI, Fig. 27/28). Auf den ersten Blick scheint es sich um
Zähne von zwei scharf unterschiedenen Arten zu handeln, doch lassen gewisse Beobachtungen
berechtigte Zweifel an dem systematischen Wert der genannten Merkmale aufkommen.

Vergleicht man nämlich die durch den Gebrauch entstehenden Abnutzungsflächen
der beiden Zahntypen, so zeigt sich, daß der erste, wie oben ausführlich dargelegt wurde,
n u r auf der Innenseite, *Tr. laevis* dagegen n u r auf der Außenseite (Fig. 27), ab und zu
auf der vorderen Oberkante abgeschliffen wird. Beide Zahnarten verhalten sich also in
diesem Punkt genau so wie die funktionell ähnlichen Zähne von *Tetrodon*, wo der Unterkiefer außen, der Oberkiefer aber immer nur innen abgeschliffen wird. Ich glaube daher
nicht fehlzugehen, wenn ich die als *Tr. laevis* bezeichneten Zähne als Unter-,
die übrigen aber als Oberkieferzähne ein und derselben Art auffasse. Bestärkt
werde ich in dieser Auffassung noch durch die Tatsache, daß auch an anderen Orten,
wo ebenfalls reichlichere Funde gemacht wurden, z. B. im belgischen und französischen
Eozän, die beiden Zahntypen zusammen vorkommen und zwar immer in einander ent-
sprechender Größe. Auch ist ihre Abnutzung genau so, wie es für die ägyptischen
Arten angegeben wurde (vergleiche hierzu WOODWARD 1891, S. 109, Taf. 3, Fig. 6 und
LERICHE 1905, S. 164, Textfig. 31).

Im Eozän Frankreichs und Belgiens ist die Gattung *Eotrigonodon* durch *Eotrigonodon (Trigonodon) serratus* vertreten, dem die ägyptische Art in ihrem Aussehen sehr ähnelt. Auffallenderweise sind jedoch die Zähne aus dem west-europäischen Eozän bedeutend kleiner als die ägyptischen (durchschnittlich nur halb so lang) und zeigen auch anscheinend nicht die Höcker auf der Innenseite. Priem (1907) trennte auf Grund von Unterschieden, die er in der Zackung des Oberrandes glaubte gefunden zu haben, die ägyptische Form als var. *aegyptiaca* von der belgischen Art *Eotrigonodon serratus* ab. Obwohl im allgemeinen der Kerbung der Zahnoberkante keine weitgehende systematische Bedeutung zuzukommen scheint (vergl. diese Abh. S. 22), behalte ich auf Grund der anderen Unterschiede Priem's Bezeichnung bei.

Von größtem Interesse für die folgenden Untersuchungen ist die histologische Beschaffenheit der beschriebenen Zähne. Ihr Grundgewebe (Taf. VI, Fig. 21) besteht aus Osteodentin (etwas wirrem Trabekulardentin). Starke Längskanäle von wechselndem Lumen stehen miteinander durch Querkanäle, die selbst wieder feinere Kanälchen abgeben, in Verbindung. Die dazwischen gelegene anorganische Substanz wird von zahllosen, fein verzweigten Dentinröhrchen durchzogen. Nach dem Rande zu ordnen sie sich derart, daß sie, allerdings nur im allgemeinen, parallel zueinander und senkrecht zur Oberfläche verlaufen, dabei aber selbst die mannigfachsten Krümmungen beschreiben. Es entsteht dadurch ein kanalfreier Dentinmantel um den Kern aus Osteodentin. An der Stelle, wo obere und untere Kronenhälfte aufeinander stoßen, wird dieses Röhrchenzahnbein (Röse) rasch sehr mächtig, mindestens zweimal so dick als vorher, und gleichzeitig ordnen sich die Dentinröhrchen ziemlich parallel zueinander, indem sie sich gleichzeitig strecken und terminal sehr fein verästeln. Sie verlaufen auch jetzt nicht mehr senkrecht zur Oberfläche, sondern schief nach oben. Die äußerste Schicht dieser Dentinlage enthält verhältnismäßig wenige, sehr feine und reichverzweigte Röhrchen, die im basalen Zahnabschnitt mit zahlreichen unregelmäßig sternförmig aussehenden Hohlräumen, die an Interglobularhohlräume erinnern, hie und da in Verbindung zu stehen scheinen.

Über der Schicht aus Röhrchenzahnbein liegt im Bereich der oberen Kronenhälfte eine sehr dicke Schmelzschicht, die sich durch ihr anderes Verhalten im polarisierten Licht scharf von dem darunter liegenden Dentin abhebt. Die Zahnbeinröhrchen dringen in den Schmelz ein, verlaufen in ihm zunächst etwas gestreckter und verzweigen sich alsdann distal zu einem wirren Geäst. Die zweite äußere Hälfte des Schmelzes ist nur noch von wenigen, sehr feinen Ästchen durchzogen, die aber nicht die Oberfläche erreichen.

Recht eigenartig sind die Verhältnisse der unteren Kronenhälfte. Auch hier liegt innen und außen über dem Dentinkern eine schmelzähnliche, sehr helle und röhrchenfreie Schicht, die durch eine deutliche Trennungslinie, welche aber durchaus nicht den Eindruck einer künstlich entstandenen Bruchlinie macht, von dem Kronenschmelz abgesetzt ist. In polarisiertem Licht zeigt sie eine feine zur Oberfläche senkrecht verlaufende Parallelstruktur. Ob diese Schicht dem echten Schmelz der Krone gleichzustellen ist, bleibt zweifelhaft. Sie könnte dann nur der äußersten röhrchenfreien Schicht entsprechen. Viel wahrscheinlicher aber ist die Annahme, daß es sich hierbei um eine Neubildung von schmelzähnlichem Charakter handelt, die mit dem Schmelz der Krone nichts zu tun hat. Wir nennen sie deshalb vorläufig, um den Unterschied zu betonen, „Basalschmelz". Mit einer guten Lupe kann man sich schon an der glatt polierten Bruchfläche eines Zahnes von der andersartigen Beschaffenheit des „Basalschmelzes" überzeugen. Er zeigt eine bräunliche Farbe, während der Kronenschmelz hell erscheint, und die Stelle, wo beide zusammentreffen, tritt infolgedessen auf dem Querbruch sehr scharf hervor. Oberflächlich ist diese Stelle um den ganzen Zahn herum mit unbewaffnetem Auge als dunkler Ring wahrzunehmen.

Mit den soeben beschriebenen Zähnen stimmen in histologischer Hinsicht die der Gattung *Stephanodus* aus der jüngeren Kreide, die auch schon rein äußerlich stark an *Eotrigonodon* erinnern, völlig überein, wie aus der Beschreibung und den Abbildungen von QUAAS (1902, Taf. 28, Fig. 13, 14) ohne weiteres hervorgeht. Die Zähne von *Stephanodus libycus* bestehen ebenfalls aus einem Kern von Osteodentin ('Vasodentin' bei QUAAS), das nach außen in Röhrchendentin mit parallel zueinander verlaufenden Zahnbeinröhrchen übergeht. Darüber liegt eine dicke Schmelzschicht, in welche die Dentinröhrchen basal eindringen und, sich vielfach verzweigend, kreuz und quer durcheinander laufen.

Auch die aus dem Miozän unter dem Namen *Trigonodon oweni* beschriebenen Zähne zeigen nach SISMONDA (1849, Taf. 1, Fig. 16) dieselbe Struktur (Osteodentin und Schmelzmantel), wenn auch feinere Einzelheiten des histologischen Aufbaus weder beschrieben noch abgebildet sind.

Diese weitgehende Übereinstimmung in der äußeren Form sowohl wie im inneren mikroskopischen Aufbau bei den jung-kretazeischen, eozänen und miozänen Arten berechtigt uns darin den Ausdruck einer engeren Verwandtschaft zu erblicken. Aber ebenso sicher stellen die Formen aus den verschiedenen geologischen Perioden nicht Vertreter ein und derselben Gattung vor. Bei den als *Stephanodus* beschriebenen Zähnen kann man mit aller nur wünschenswerten Klarheit feststellen, daß der Zahn nur scheinbar eine Einheit vorstellt, vielmehr aus vielen nebeneinander stehenden Kieferzähnen durch Zusammenwachsen hervorgegangen ist. Bei den eozänen Zähnen ist der Verschmelzungsprozeß so weit vorgeschritten, daß nur noch die in ihrer Stärke variierende Zackung des Oberrandes und die Furchung der Außenseite im Oberkiefer als letzte Andeutung einst selbständiger Zähne geblieben sind. Bei den miozänen Formen ist jede Spur einer Verwachsung ausgelöscht.

Die Gebisse aus der Kreide bis zum Miozän stellen demnach, wenn die eben dargelegte Anschauung richtig ist, drei aufeinander folgende Stufen eines Entwicklungsprozesses vor, der darauf hinauszielt, aus einem Gebiß mit vielen Einheiten durch deren Verschmelzen ein Gebiß mit nur je einer Einheit in jeder Kieferhälfte zu erzeugen. Es geht aber nicht an, die Träger verschiedener Entwicklungsstufen in eine einzige Gattung zusammenzufassen. Vielmehr müssen von den jungtertiären Formen, auf welche die von SISMONDA 1849 geschaffene Gattungsbezeichnung *Trigonodon* beschränkt bleiben muß, die älteren als selbständige Gattungen abgetrennt werden. Während für die Kreideformen ZITTEL's Gattungsnamen *Stephanodus* (ZITTEL 1883) seine Berechtigung behält, schlage ich für die eozänen Arten die Gattungsbezeichnung *Eotrigonodon* vor. Die seither aus dem ägyptischen Eozän beschriebenen Zähne müssen deshalb von nun an die Bezeichnung *Eotrigonodon serratus* var. *aegyptiaca* führen.

Im Zusammenhang mit der Gattung *Eotrigonodon* muß auch auf die als *Ancistrodon* beschriebenen Zähne näher eingegangen werden. Es ist eine auffallende Tatsache, daß in fast allen Ablagerungen, wo *Stephanodus*- und *Eotrigonodon*-Zähne vorkommen, zugleich auch jene eigenartigen Hakenzähnchen gefunden werden, die man mit dem Namen *Ancistrodon* belegte. Aus dem ägyptischen Eozän allein sind drei verschiedene Arten bezw.

Unterarten beschrieben worden, nämlich *Ancistrodon armatus*, der auch im belgischen und französischen Eozän nachgewiesen ist, und *A. armatus* GERV. var. *teilhardi* PRIEM bezw. *A. armatus* GERV. var. *fourtaui* Pr. (DAMES 1883, PRIEM 1897, 1907, LERICHE 1922). Ihre systematische Stellung war sehr unsicher. DAMES faßte sie als Schlundzähne von Sclerodermi auf (1883a), WOODWARD (1889) glaubte sie als Greifzähne von Pycnodontiern deuten zu können, während STROMER (1905a) den Beweis dafür zu erbringen hoffte, daß es sich um Schlundzähne von Gymnodonti handelt.

Da unter dem mir anvertrauten Material viele Zähne von *Ancistrodon* vorhanden waren, versuchte ich genauere Angaben über die systematische Stellung dieser eigenartigen Zähne durch das Studium ihres bis dahin noch unbekannten histologischen Aufbaues zu erhalten.

Die seitlich stark zusammengepreßten Zähne von *Ancistrodon armatus* zeigen äußerlich zwei verschiedene Abschnitte. Ihre Basis besteht aus einem langen, oben sich verbreiternden Sockel mit glänzender Oberfläche, auf dem die hakenförmige Krone sitzt. Ihr Aussehen ist je nach dem Abnutzungsstadium sehr verschieden. Wo Krone und Sockel zusammentreffen, läuft rings um den Zahn ein deutlicher Wulst, an dem die Krone leicht abbricht. Die Untersuchung an einem Vertikal- und einem Horizontalschliff ergab folgenden Befund (Taf. V, Fig. 21). Der Zahnkern besteht aus typischem Osteodentin (mäßig regelmäßiges Trabeculardentin), das von Längskanälen durchzogen wird, die wieder untereinander durch englumigere Querkanäle in Verbindung stehen. Von allen Kanälen dringen in die anorganische Zwischensubstanz zahlreiche vielfach gekrümmte und distal fein verzweigte Dentinröhrchen ein. Außerhalb der zu äußerst gelegenen Längskanäle liegt eine Schicht, die lediglich unregelmäßig gewundene, nur im Großen und Ganzen parallel zueinander verlaufende und etwas schief nach oben ausstrahlende Zahnbeinröhrchen enthält. Mit Beginn des Basalteils wird diese Schicht rasch bedeutend dicker, die Parallelität ihrer Röhrchen ausgesprochener, und ihr Verlauf geht mehr senkrecht zur Oberfläche. Am distalen Ende spalten sie sich in feine nach oben und unten gehende Ästchen auf, die mit zahlreichen unregelmäßig gestalteten kleinen Hohlräumen hie und da in Verbindung zu stehen scheinen. Sehr wahrscheinlich handelt es sich um die sogenannte körnige Schicht von TOMES (1914, 'granular layer'), die nur im Basalteil als eigenartige Schicht über dem Osteodentin entwickelt ist.

Im Kronenteil ist der Dentinkern mit einer mächtigen Schmelzschicht bedeckt, die sich im polarisierten Licht deutlich als solche abhebt. In ihre Basis dringen die Zahnbeinröhrchen des darunter liegenden Dentins massenhaft ein. Von der Eintrittsstelle an winden und krümmen sie sich wirr durcheinander und verzweigen sich lebhaft nach allen Seiten. Die äußere Schmelzschicht enthält nur die feinsten, letzten Ausläufer der Dentinröhrchen, die aber nirgends die Oberfläche erreichen.

Auch im Sockelabschnitt ist der Dentinkern von einer allerdings viel dünneren schmelzähnlichen Schicht ('Basalschmelz') überzogen, in die aber, ganz im Gegensatz zu ihrem Verhalten beim Kronenschmelz, die Dentinröhrchen nirgends eindringen. Außerdem ist der Basalschmelz sehr deutlich längs einer schief nach außen und oben verlaufenden Linie abgesetzt, die besonders scharf im polarisierten Licht hervortritt, und mit einer Bruchlinie nicht das geringste zu tun hat. Es ist das die Stelle, welche auch makroskopisch ringsum an der Oberfläche des Zahnes hervortritt, und an der die Krone leicht abbricht. Der Basalschmelz unterscheidet sich weiterhin von dem Kronenschmelz durch den Besitz einer faserigen Struktur, die im polarisierten Licht ausgezeichnet sichtbar wird, und senkrecht zur Oberfläche verläuft. Nach alledem dürfen wir den „Basalschmelz" nicht als echten Schmelz ansehen, sondern müssen ihn als eine nachträgliche Auflagerung auf die Dentinmasse des Sockels auffassen.

Die Untersuchung der histologischen Struktur der *Ancistrodon*-Zähne ergibt also die völlige Übereinstimmung mit dem geweblichen Aufbau der *Eotrigonodon*- und *Stephanodus*-Zähne, und damit dürfte der Beweis erbracht sein, daß beide Zahnformen zusammengehören. Während die als *Eotrigonodon* bezeichneten Zähne im Kiefer standen, so wie ARAMBOURG (1927, S. 220, Textfig. 46 B) es für *Trigonodon oweni* darstellt, kann es sich bei den Zähnen von *Ancistrodon armatus*, wie bereits DAMES (1883) auf Grund ihrer Form richtig erkannte, nur um Schlundzähne handeln, die zu den als *Eotrigonodon serratus* var. *aegyptiaca* beschriebenen Kieferzähnen gehören. Der Gattungsname *Ancistrodon* ist demnach zu streichen.

Die bis jetzt im ägyptischen Eozän gefundenen Kieferzähne der Gattung *Eotrigonodon* gehören alle ein und derselben Art an. Es ist deshalb mehr wie wahrscheinlich, daß die von PRIEM (1907) auf Grund der Schlundzähne unterschiedenen Varietäten ausnahmslos zu ihr gehören. Wie bei den Cypriniden wechselte auch bei den Trigonodontiden die Form der Schlundzähne je nach ihrer Stellung. Ich fasse daher die Kieferzähne sowie die als *Ancistrodon armatus*, *A. armatus fourtaui*, *A. armatus teilhardi* beschriebenen Reste unter dem Namen *Eotrigonodon serratus* var. *aegyptiaca* zusammen. Ob auch das unvollständige Schlundzähnchen aus den Priabona-Schichten Norditaliens (DAMES 1883a) hierher gehört, läßt sich natürlich nicht entscheiden.

Die aus der jüngeren Kreide der Libyschen Wüste als *Ancistrodon libycus* beschriebenen Zähne (QUAAS 1902, S. 319, Taf. 28, Fig. 1) gehören nach meiner Auffassung zu den aus den gleichen Schichten stammenden Kieferzähnen von *Stephanodus splendens*.[1] Auch die als *A. mosensis* und *A. texanus* bezeichneten Hakenzähnchen müssen, da sie aus der Kreide stammen, sehr wahrscheinlich zur Gattung *Stephanodus* gestellt werden. Auffallenderweise kennt man von der miozänen Gattung *Trigonodon* bis jetzt nur die Kieferzähne. Möglicherweise waren bei ihr die Schlundzähne zu klein, oder sie entgingen aus irgend einem anderen Grund bis jetzt der Aufmerksamkeit der Sammler. —

Welcher Familie hat man die Gattungen *Stephanodus*, *Eotrigonodon* und *Trigonodon* einzureihen? SISMONDA (1849) stellte die von ihm gegründete Gattung *Trigonodon* zu den Gymnodontiden, veranlaßt durch die formale Ähnlichkeit der Trigonodonzähne mit den Zähnen der Gattung *Tetrodon*. Demgegenüber muß betont werden, daß das Gebiß der Tetrodontiden wie der Gymnodonten überhaupt grundsätzlich von dem der Trigonodontiden verschieden ist. Aus dem Gebiß der Gattung *Diodon* mit seinen inneren Reibplatten und den Marginalzähnen leitet sich, wie schon OWEN (1840—45) und PORTIS (1889) erkannten, das Gebiß der Gattung *Tetrodon* durch Zurückbildung der inneren Zahnplatten ab, sodaß schließlich nur der Marginalteil übrig bleibt. Das läßt sich ganz einwandfrei bei den rezenten Vertretern dieser Gattung Schritt für Schritt verfolgen. So hat nach meinen Beobachtungen

---

[1] Kiefer- und Schlundzähne dieser Art kommen auch in der Maestrich-Stufe der Arabischen Wüste vor (vergl. DE STEFANO 1919).

im Stuttgarter Museum *T. psittacus* noch gut entwickelte obere und untere Reibplatten, *T. lagocephalus* oben rechts und links je 4, *T. turgidus*, *T. sceleratus* und *T. hispidus* oben nur noch Andeutungen ehemals vorhandener Reibplatten, während bei *T. fahaka*, *diademata* und *lineatus* nur die Marginalzähne erhalten sind. Bemerkenswerter Weise bildet Owen ein Gebiß der letzt genannten Art ab, das noch teilweise erhaltene obere Reibplatten zeigt (1840 S. 82, Taf. 39, Fig. 1), ein Zeichen dafür, daß die Rückbildung dieses Organs individuellen Schwankungen unterliegt.

Die vier Randzähne von *Tetrodon* haben, wie schon Born 1827 richtig angab, denselben Aufbau wie die Marginalzähne bei allen Gymnodonten, d. h. sie bestehen aus übereinander liegenden und parallel zueinander verlaufenden Zahnstreifen, die durch Verwachsen der mehr oder minder plattenförmigen Marginal-Zähnchen entstanden sind, und nur durch eine dünne Knochenschicht voneinander getrennt werden.

Grundverschieden davon sind die *Eotrigonodon*-Zähne. Sie stellen, wie oben gezeigt wurde, eine in ihrem Aufbau durchaus einheitliche Bildung vor.

Auch eine Verwandtschaft mit den Spariden, der De Stefano noch 1910 das Wort redete, ist völlig ausgeschlossen. Um sich von der Unmöglichkeit einer Einreihung in diese Familie zu überzeugen, genügt es, die von Tomes 1914, S. 59 und 96 gegebenen Dünnschliffbilder durch Zähne von *Diplodus (Sargus)* sp. (Textfig. 28 u. 56) mit den entsprechenden Dünnschliffen der Gattungen *Stephanodus* und *Eotrigonodon* zu vergleichen.

Dagegen scheint mir Arambourg auf dem richtigen Weg zu sein. Er faßt (1927) die miozänen und eozänen Formen als Vertreter einer ausgestorbenen Familie auf, die er Trigonodontidae nennt und als gleichwertige Familie neben die rezenten Familien der Unterordnung der Sclerodermi stellt. Er kommt damit für die Kieferzähne zu genau demselben Ergebnis wie Dames, der schon im Jahre 1883 (a) die von ihm Ancistrodon genannten Schlundzähne der Trigonodontidae, auf Grund ihrer formalen Ähnlichkeit mit den Schlundzähnen von *Balistes*, mit den Sclerodermi in Zusammenhang brachte. Man kann sich in der Tat, besonders wenn man die Kieferzähne von *Stephanodus* zum Vergleich heranzieht, leicht vorstellen, wie durch Verwachsung der starken, dicht nebeneinander stehenden Kieferzähne z. B. bei den Gattungen *Balistes* und *Triacanthus*, die für die Trigonodontiden charakteristische Zahnform zustande kommt. Ich habe, um die sehr naheliegende Annahme verwandtschaftlicher Beziehungen zwischen *Balistes* und *Eotrigonodon* zu prüfen, Dünnschliffe durch Kieferzähne von *Balistes capriscus* hergestellt, die mir Herr Prof. Rauther, Stuttgart, zu diesem Zweck überließ. Sie bestätigten die Angaben von Retzius (1837) über den histologischen Aufbau der Balistes-Zähne, brachten aber nicht den gewünschten Beweis. Die Zähne von *Balistes capriscus* bestehen nämlich aus Pulpadentin, das im Kronenabschnitt von einer mächtigen Schmelzschicht überzogen ist. In letztere dringen die im Zahnbein mehr oder weniger parallel zueinander verlaufenden Dentinröhrchen ein, indem sie gleichzeitig wirr durcheinander laufen und sich vielfach verzweigen. Trotzdem also auf histologischem Wege ein einwandfreier Beweis für die nahe Verwandtschaft von *Balistidae* und Trigonodontidae nicht zu führen ist, halte ich dennoch auf Grund unserer gegenwärtigen Kenntnisse über diese fossile Familie die Auffassung von Dames und Arambourg für diejenige, welche in systematischer Hinsicht der Wahrheit am nächsten kommt. —

Zum Abschluß gebe ich eine Übersicht über die Gattungen der Trigonodontidae und ihre bis jetzt bekannten Vertreter.

4*

Familie **Trigonodontidae.**

I. Gattung *Stephanodus* Zittel. Je zwei Zähne im Ober- und Unterkiefer, die in der Symphysengegend zusammenstoßen und noch deutlich verraten, daß sie durch Verwachsen vieler einzelner, nebeneinander stehender Kieferzähne entstanden sind. Schlundzähne mit hakenförmiger Krone auf hohem Sockel. — Jüngere Kreide.

    1. *Stephanodus splendens* Zittel. (Schlund- und Kieferzähne aus dem unteren Danien der Libyschen und Maestrich-Stufe der Arabischen Wüste).

    2. *Stephanodus* sp. (Schlund- und Kieferzähne aus dem nubischen Sandstein bei Mahamid in Oberägypten; nach Stromer 1914, S. 48).

    3. *? Stephanodus mosensis* (Dames). (Schlundzähne aus dem oberen Senon von Maestrich).

    4. *? Stephanodus texanus* (Dames). (Schlundzähne aus der oberen Kreide von Texas).

    5. *? Stephanodus* sp. (Schlundzähne aus dem Senon von Dieppe; nach Priem 1911).

II. Gattung *Eotrigonodon* n. g. Wie *Stephanodus*, aber Kieferzähne nur noch mit verhältnismäßig schwach angedeuteten Verwachsungsmerkmalen in Form von Zacken und vertikalen Furchen am Oberrand bzw. der Außenseite der Oberkiefer-Zähne. Alttertiär (Eozän).

    1. *Eotrigonodon serratus* (Gervais). (Schlund- und Kieferzähne aus dem Eozän Belgiens und des Pariser Beckens).

    2. *Eotrigonodon serratus* (Gerv.) var. *aegyptiaca* (Priem). (Schlund- und Kieferzähne aus dem Mittel- und Obereozän Ägyptens).

    3. *? Eotrigonodon* sp. (Schlundzähne aus den Priabonaschichten Oberitaliens).

III. Gattung *Trigonodon* Sismonda. Wie *Eotrigonodon*, aber Zähne fast kaum mit Verwachsungsmerkmalen. Schlundzähne unbekannt. — Miozän bis Pliozän.

    1. *Trigonodon oweni* Sismonda. Mittelmiozän bis Pliozän Europa, Nordafrika und Neuseeland).

Fundort: Unterer Mokattam bei Kairo; Querun-Stufe bei Birket el Qerun im Norden des Fajum.

Aufbewahrung: München und Stuttgart.

Familie **Triacanthidae.**
Gattung *Triacanthus.*
Triacanthus? sp.
Taf. VI, Fig. 30—33.

Zwei isolierte Zähne sind sehr wahrscheinlich zu dieser Gattung zu stellen. Der in Fig. 30, 31 abgebildete mißt an der Oberkante 9 mm und besteht aus einer mit sehr dickem Schmelz überzogenen Krone, die sich, von der Seite betrachtet, nach unten zu verjüngt, und in einen größtenteils zerstörten, mit dünner Schmelzkruste überzogenen Basalteil übergeht. Der Vorderrand der Krone ist stark verdickt, ihre Außenseite der Länge nach konvex gewölbt, die Innenseite dagegen konkav und in der oberen Hälfte muschelförmig vertieft. Dadurch wird der Oberrand der Krone zwar dünn, aber keineswegs scharf. Von besonderem Interesse ist, daß die Krone weder außen noch innen abgekaut wird, sondern vom Oberrand her.

Vom zweiten Zahn (Fig. 32, 33) ist nur die mit mächtigem Schmelz überzogene Krone erhalten, deren Oberkante 13 mm mißt, während die Kronenhöhe nur 4—5 mm ausmacht. Der Zahn ist demnach relativ viel länger als der vorhergehende. Auch er ist außen konvex, innen konkav und in der oberen Hälfte muschelförmig vertieft. Dagegen ist der Vorderrand der Krone nicht so stark verdickt wie bei dem zuerst beschriebenen.

Ihrem Aussehen nach erinnern beide Zähne zunächst an die Gattung *Trigonodon*, aber bei keinem ist der Vorderrand in der für *Trigonodon* charakteristischen Weise abgeplattet, und die Art der Zahnabnutzung ist abweichend. Dagegen besteht eine außerordentliche Ähnlichkeit mit den Zähnen der äußeren Reihe bei der Gattung *Triacanthus*, wovon ich mich bei *Tr. biaculeatus* überzeugen konnte. Der in Fig. 30, 31 dargestellte Zahn entspricht seiner Form nach den Zähnen aus der Symphysengegend, während der andere (Fig. 32, 33) ungefähr dem dritten Oberkieferzahn entspricht. Leider war es unmöglich, an Schliffen die histologische Struktur der fossilen und rezenten Zähne miteinander zu vergleichen, sodaß die Einreihung der beschriebenen Zähne in die Gattung *Triacanthus* nur auf Grund der Formähnlichkeit geschieht. Eine gewisse Reserve ist deshalb am Platze. Bei der Dürftigkeit des Materiales verbietet sich eine Artbenennung von selbst, zumal die nahe verwandte Gattung *Hollardia*[1]) sich fossil vielleicht nicht von ihr trennen läßt. Fossil ist die Gattung *Triacanthus* bis jetzt noch unbekannt, doch ist es mehr wie wahrscheinlich, daß die von Lydekker als *Capitodus indicus* beschriebenen Zähne (1884—86) hierher gehören.

Fundort: Unterer Mokattam bei Kairo.

Aufbewahrung: München.

Unterordnung Gymnodonti.
Familie Gymnodontidae.
Gattung *Diodon** L. (*Chilomycterus**? Bibron 1856).
1. *Diodon (?*Chilomycterus) *hilgendorfi* (Dames).
Taf. VI, Fig. 7—9, 13, 14.

Von dieser Art liegen zahlreiche untere und obere Kauplatten vor, die von Individuen der verschiedensten Altersstufen stammen.

A. Untere Kauplatte.
Taf. VI, Fig. 8, 14.

Die unteren Kauplatten dieser Art sind bereits von Dames (1883) (als *Progymnodon hilgendorfi*) und später von Priem (1905) ausführlich beschrieben worden. Ihr Umriß ist der einer halben Ellipse. Über Länge und Breite der besterhaltenen Kauplatten unter dem mir vorliegenden Material gibt die folgende Tabelle Auskunft.

Masstabelle für untere Kauplatten.
Angaben in mm.

Breite	Länge	Verhältnis von Breite zu Länge
20	9	2,2 : 1
24	11	2,2 : 1
22	10	2,2 : 1
27	11,5	2,4 : 1
30	13,5	2,2 : 1

---

[1]) Regan 1903.

Aus der Tabelle ist ersichtlich, daß das Verhältnis von Breite zu Länge bei den verschiedenen Altersstufen gleichbleibt.

Wie bei *Diodon* und den ihr nahestehenden Gattungen bestehen die fossilen Kauplatten aus einer randlichen und einer inneren Zahnpartie. Letztere setzt sich bei dem der Beschreibung zugrunde liegenden Exemplar (Fig. 8), dessen Maße in der Tabelle an vierter Stelle angegeben sind, aus zwei in der Medianlinie fest verwachsenen Serien von übereinander liegenden Zahnplatten zusammen, die durch eine dünne Zementschicht voneinander getrennt sind. Ihre Zahl beträgt links und rechts 7, aber zweifellos war sie größer. Die untersten Platten fehlen.

Die Zahnplatten liegen derart übereinander, daß die obere gegenüber der darunter liegenden immer etwas nach vorn verschoben ist, sodaß man von letzterer nur einen schmalen Streifen der hinteren Hälfte erblicken kann. In dem Maße, wie die oberste Platte beim Kauen mehr und mehr verbraucht wird, schiebt sich die darunter befindliche nach und nach in die Kaufläche ein, die in unserem Falle von der zweitobersten und dem Rest der obersten Platte gebildet wird. Alle Zahnplatten stehen fast horizontal, sie weisen nur eine ganz geringe Neigung nach vorn und unten auf. Ihre Oberfläche ist, wie schon DAMES hervorhob, durch feinste Grübchen gerauht, ein Zustand, der auch bei den rezenten Formen der ursprüngliche ist. Erst durch den Gebrauch werden die Zahnflächen glatt poliert, aber selbst bei den ältesten Resten zeigt der noch nicht angegriffene Vorderrand die feine Punktierung. In ganz ähnlicher Weise ist auch die Unterseite gerauht.

Die randliche Partie liegt dicht vor der hinteren Kaufläche. Sie besteht jederseits aus 6—7 Vertikalreihen kleiner Zahnplättchen. Doch gibt es auch Ausnahmen. So zeigt z. B. eine kleine Platte rechts und links nur vier Vertikalreihen, und bei einer andern, deren Maße vollkommen mit der in der Tabelle zuletzt erwähnten Platte übereinstimmen, sind, namentlich in der Symphysenregion, die Marginalzähnchen derart unregelmäßig ausgebildet, daß von einer Anordnung in Säulen nicht mehr die Rede sein kann. Ihr Aussehen ist wechselnd. Die der mittleren Reihen sind klein und umgekehrt u-förmig, nach der Seite zu verlängern sie sich und werden gleichzeitig mehr oder minder deutlich bogenförmig. Ober- und Unterseite ist wie bei den größeren inneren Zähnen gerauht.

DAMES gibt in seiner Beschreibung an, daß der Marginalapparat unmittelbar an die hinteren Kauplatten anstoße. Am Querschnitt aber zeigt sich zwischen beiden Teilen eine wenn auch nur sehr dünne Zementschicht. (Fig. 14).

B. Obere Kauplatte.
Taf. VI, Fig. 7, 9, 13.

Untersuchungen an rezenten Vertretern der Gattungen *Diodon* und *Chilomycterus* ergaben, daß sich Ober- und Unterkiefer in der Regel leicht an gewissen Formmerkmalen unterscheiden lassen. Zunächst ist ganz allgemein der Unterkiefer vorn bogenförmig gerundet, während die beiden Hälften des Oberkiefers unter einem Winkel aufeinander stoßen. Dadurch, daß weiterhin der Oberkiefer den unteren vorn leicht überragt, gleiten beim Schließen des Maules nur die randlichen Kieferteile dicht aneinander vorbei und nutzen sich gegenseitig ab, während die Symphysenregion des Oberkiefers kaum verbraucht wird und deshalb im Gegensatz zur entsprechenden Partie des Unterkiefers in den allermeisten Fällen eine hakenförmige Gestalt annimmt.

Beide Merkmale sind auch bei einer ganzen Reihe von Kauplatten zu beobachten, die ihrem Aufbau und ihren Maßen nach das Gegenstück zu den vorher beschriebenen unteren Kauplatten bilden. Der im folgenden gegebenen Beschreibung liegt die in Fig. 9 dargestellte Platte zugrund.

Ihr Hinterrand ist gerade, der vordere dagegen derart gebogen, daß die beiden Kieferhälften in der Symphysenregion unter einem stumpfen Winkel zusammenstoßen. Über Länge und Breite der Kauplatten in den verschiedenen Altersstadien gibt die folgende Tabelle Auskunft.

Masstabelle für obere Kauplatten.

(Angaben in mm)

Breite [1])	Länge	Verhältnis von Breite zu Länge
17	11	1,5
21	13	1,6
22	14	1,5
26	18	1,5
27	18	1,5
28	18,5	1,5
33	25	1,3
36	28	1,3

Wie beim Unterkiefer bleibt also das Verhältnis zwischen Kieferlänge und -Breite in den verschiedenen Altersstadien ziemlich konstant.

Die innere Partie der Kauplatte besteht aus zwei in der Medianebene miteinander verwachsenen Stößen von Zahnplatten, die durch dünne Zementschichten voneinander getrennt sind und, nur sehr wenig nach vorn und unten geneigt, fast parallel zur Kaufläche verlaufen. In unversehrtem Zustand sind Ober- und Unterseite gerauht. Die Kaufläche selbst wird nur von 2—3 Zahnplatten gebildet, zu denen vorn noch die letzten Überreste der älteren hinzukommen.

Die Marginalzähne sind beiderseits in je 5—7 Säulen angeordnet, doch kann diese Anordnung durch unregelmäßige Stellung und Größe der Zähnchen hinfällig werden. Meist ist die ganze Marginalpartie in eine dicke Zementmasse eingehüllt, sodaß die Zähnchen nur am oberen Rand, wo sie durch Abnutzung freigelegt wurden, sichtbar sind. Derselbe Zementstreifen trennt gleichzeitig den Marginalapparat von der inneren Reibplatte, wie besonders deutlich aus dem in Fig. 13 wiedergegebenen Längsschnitt hervorgeht. Die Zementschicht ist breiter als im Unterkiefer. Nach meinen Beobachtungen, die allerdings z. T. nur an Spiritusexemplaren gewonnen wurden, gilt das allgemein für die Gattungen *Chilomycterus* und *Diodon*.

---

[1]) Um genauere Maße zu erhalten, wurde die Breite des fast immer gut erhaltenen Hinterrandes gemessen.

DAMES gründete auf Grund des 1883 von ihm beschriebenen Unterkiefers die neue Gattung *Progymnodon*. Demgegenüber wies aber PORTIS (1889) mit Recht darauf hin, daß alle für *Progymnodon* charakteristischen Merkmale, vor allem das enge Zusammenrücken der beiden Gebißhälften (Marginalapparat und innere Zahnplatten) innerhalb der Gattung *Diodon* i. w. Sinne anzutreffen sind. Da aber die Gattung *Diodon* heute auf Grund von Merkmalen, die sich leider fossil nicht erhalten, in mehrere Gattungen aufgespalten ist, versuchte ich die genauere systematische Stellung dieser Art auf Grund von Gebißmerkmalen zu ermitteln. Bei der Untersuchung von Spiritusexemplaren in der Stuttgarter Naturaliensammlung stellte sich heraus, daß sowohl bei *Chilomycterus geometricus* und *Ch. echinatus* als auch nach PORTIS Angaben (1889) bei *Ch. antennatus* die inneren Zahnplatten fast horizontal und sehr dicht hinter den Marginalzähnen liegen, auf jeden Fall nur durch eine sehr dünne Schicht, besonders im Unterkiefer, von ihnen getrennt sind. Diese Art der Gebißbildung scheint bei den rezenten Arten der Gattung *Chilomycterus* recht häufig, vielleicht die vorherrschende zu sein. Aber immerhin darf nicht übersehen werden, daß *Diodon maculatus* ebenfalls relativ flach gelagerte innere Zahnplatten besitzt, die durch eine im Vergleich zu anderen Diodon-Arten recht schmale Zementschicht vom Marginalapparat getrennt sind, und daß weiterhin als Gegenstück hierzu der fossile *Diodon acanthodes* (SAUVAGE 1873), der nach ARAMBOURG's neueren Untersuchungen (1926) ein echter *Chilomycterus* ist, einen relativ recht breiten Zementstreifen aufweist.

Alles in allem ergibt sich aus den Beobachtungen am rezenten Material doch so viel, daß die beschriebene Art eher zu *Chilomycterus* als zu *Diodon* hinneigt, ohne daß man sie jedoch mit Bestimmtheit der zuerst genannten Gattung zuweisen könnte. Ich bezeichne sie deshalb als *?Chilomycterus hilgendorfi* (DAMES).

Fundort: Querunstufe, weißliche Mergel N. O. von Qasr Qerun, Fajum; Unterer Mokattam bei Kairo.

Aufbewahrung: München und Stuttgart.

2. *Diodon (?*Chilomycterus) latus* n. sp.
Taf. VI, Fig. 10—12.

Außer der soeben beschriebenen Art befinden sich unter dem fossilen Material noch einige Zahnplatten, die auf mindestens zwei weitere Spezies schließen lassen. Die auf Taf. VI Fig. 10—12 abgebildeten zwei Kauplatten, von denen die Fig. 10, 11 wiedergegebene untere zur Type bestimmt wurde, unterscheiden sich von *Diodon hilgendorfi* ohne weiteres durch ihre extreme Breite, wie aus der folgenden Tabelle hervorgeht.

Maßtabelle.

Kauplatte Nr.	Länge der inneren Zahnplatten (entlang der Verwachsungslinie)	Breite der inneren Zahnplatten
1	7,5 mm	22 mm
2	10 mm	30 mm

Das sich aus diesen Maßen ergebende Verhältnis von Breite zur Länge beträgt demnach 3 : 1, während dasselbe Verhältnis bei *D. hilgendorfi* (Type) sich wie 2,2 : 1 darstellt.

Die inneren Zahnplatten liegen horizontal zur Kaufläche, die dementsprechend nur von einer einzigen Platte gebildet wird, auf der sich noch Reste der verbrauchten älteren Zähne befinden. Da der Hinterrand der inneren Zahnplatten ziemlich steil abfällt, ragen auch von den 2—3 darunter folgenden Platten nur schmale Säume hervor. .

Wie bei *D. hilgendorfi* liegt der Marginalteil dicht dem inneren, die Kaufläche bildenden Abschnitt an. Nur eine ganz dünne Zementschicht trennt beide voneinander. Bei der in Fig. 12 abgebildeten Kauplatte scheint der Marginalteil aus einer Doppelreihe von Zahnplättchen zu bestehen, doch handelt es sich bei der inneren Reihe sehr wahrscheinlich nur um die letzten Reste der älteren Zähnchen, welche die nächstjüngeren, jetzt die äußere Reihe bildenden Zähnchen einst überlagerten. Wenigstens merkt man bei der Type nichts von einer doppelten Ausbildung des Marginalteiles.

Im übrigen sind die Randzähnchen in 7—8 Säulen angeordnet. Die der Mitte enthalten die kleineren Zähnchen, während die lateralen größere, wahrscheinlich durch seitliche Verschmelzung entstandene Zähnchen aufweisen.

Bei der Type ist auch noch ein großer Teil des Kieferknochens erhalten. Er ist in der Querrichtung sehr fein faserig ausgebildet, zeigt links und rechts je ein *foramen nutricium* und läßt durch seine Form keinen Zweifel daran aufkommen, daß es sich um eine untere Kauplatte handelt.

Fundort: Birket el Qerun, Norden des Fajum, n.ö. Kasr Qerun, weißliche Mergel.

Aufbewahrung: München.

3. *Diodon intermedius* n. sp.
Taf. VI, Fig. 4—6.

Während *D. latus* zu jener Gruppe der Diodontidae gehören, die Portis (1889) als *Clinodiodonti* bezeichnete, müssen die Kauplatten der folgenden Art zu den *Ortodiodonti* gestellt werden. Zur Type wurde die auf Taf. VI, Fig. 4—6 abgebildete obere Platte bestimmt. Ihre Breite, dem hinteren Rand der inneren Zahnplatten entlang, beträgt 2,8 cm, ihre Länge, der Medianlinie entlang gemessen, 1,1 cm.

Der wesentlichste Unterschied gegenüber den vorher beschriebenen zeigt sich darin, daß die inneren Zahnplatten von der randlichen Partie durch eine sehr breite Zementschicht getrennt sind, und daß die Marginalzähne infolge horizontaler Verschmelzung miteinander zu durchgehenden parallel laufenden Zahnstreifen verschmolzen sind, die nur noch hie und da einzelne Zähnchen erkennen lassen. Dadurch bekommt der Marginalapparat interessanter Weise außen genau dasselbe Aussehen wie die Zähne von *Tetrodon*, die ja auch nichts anderes als die miteinander verschmolzenen Randzähnchen vorstellen.

Die inneren Zahnplatten liegen schiefer zur Kaufläche als es bei *D. hilgendorfi* der Fall ist, aber durchaus nicht so übertrieben schief, wie z.B. bei *Diodon hystrix*. Bei den meisten der vorliegenden Exemplaren wird die Kaufläche nur von einer Zahnplatte gebildet, doch scheinen bei stärkerer Abnutzung auch mehrere gleichzeitig in Funktion zu treten, wie es eine stark abgekaute, allerdings mit gewissen Bedenken hierher gestellte Zahnplatte zeigt. Die Verwachsungslinie der beiden Stöße innerer Zahnplatten ist übrigens nicht immer deutlich ausgebildet. Dagegen tritt sie immer bei dem Anblick von unten klar hervor (Fig. 6).

Die soeben beschriebenen Gebisse sind insofern von großem Interesse, als die Zähne ihres Marginalapparates zu horizontal verlaufenden, übereinander gelegenen Zahnreihen verwachsen sind, wodurch sie völlig an *Tetrodon* erinnern. Dennoch kann man sie nicht zu dieser Gattung stellen, da sie eine Entwicklungstendenz verraten, die dem für *Tetrodon* eigenartigen Zustand gerade entgegengesetzt ist. Denn während bei *Tetrodon* Ober- und Unterkiefer selbst bei den Formen mit noch gut entwickelten inneren Reibplatten immer in eine rechte und linke Hälfte zerfallen, zeigt sich bei den inneren Reibplatten der in Frage stehenden Gebisse das Bestreben, zu einer einheitlichen Kaufläche zu verwachsen.

Ich habe weder bei rezenten noch bei den vielen fossilen *Diodon*-Gebissen eine ähnliche Vermischung der Merkmale zweier Gattungen beobachtet. Trotzdem kann ich nicht die oben beschriebenen Zähne einer neuen Gattung zuweisen, da bei *Diodon* an den Enden des Marginalapparates Verwachsungen der Zähnchen in der beschriebenen Weise gar nicht selten vorkommen. Für die neue Art schlage ich die Bezeichnung *Diodon intermedius* vor.

Fundort: Unterer Mokattam bei Kairo.

Aufbewahrung: Stuttgart.

Ordnung indet.
Familie *Carangidae?*
Gen. et sp. indet.
Taf. VI, Fig. 7—8.

Unbestimmbar blieb ein großer schön erhaltener Otolith. Seine Dicke ist verhältnismäßig gering, seine Außenseite leicht konvex, die Innenseite entsprechend konkav. Ventralrand nach unten ausgebogen, Dorsalrand gerade, mit Andeutung sehr flacher und breiter Kerbung, Hinterrand schräg nach unten und vorn zu abgeschnitten. Sulcus acusticus mit weit vorspringendem Rostrum. Ventralrand des Ostiums nach unten zu etwas ausgebogen, nicht scharf von der breiten, gestreckten und am Hinterende etwas erweiterten Cauda abgesetzt. Oberer und unterer Rand der Cauda sehr deutlich ausgebildet, ersterer höher als der letztgenannte. Area superior verhältnismäßig flach, aber gut wahrnehmbar.

Die Außenseite (Fig. 8) ist flach mit unregelmäßigen, wenig ausgebildeten Höckern.

Die systematische Stellung des beschriebenen Otolithen konnte nicht mit Sicherheit ermittelt werden. Nach meinem rezenten Vergleichsmaterial aus der Nordsee, dem Adriatischen Meer und dem Golf von Neapel ergeben sich vielleicht Beziehungen zu den Carangiden.

Fundort: Uadi Ramlije bei Uasta (Mitteleocän).

Aufbewahrung: München.

Ergebnisse.

Die gesamte Fischfauna des ägyptischen Eozäns setzt sich nach den vorstehenden Untersuchungen und jenen von LERICHE (1922), v. MEYER (1851), PEYER (1928), PRIEM (1897, 1899, 1905, 1907, 1914), v. STROMER (1903, 1905 a, b) und WOODWARD (1910) aus folgenden Arten zusammen:

Namen der Art	Mokattam		Uadi Ramlijeh	Kafr el Ahram	Plateau von Giseh	Norden des Fajum	
	unterer	oberer				Qerun-Stufe	Sagha-Stufe
Plagiostomi.							
* *Myliobatis toliapicus* Ag.[1]	+	—	—	—	—	+	+?
* *Myliobatis striatus* Buckl.	+	—	—	—	—	+	
ˮ *Myliobatis pentoni* Woodw. . . .	+						
* *Myliobatis dixoni* Ag.	+	—	—	—	—	+	
* *Aëtobatis* sp.	+	—	—	—	—	+	+
* *Pristis ingens* Str.	+	—	—	—	—	+	+
* *Pristis ingens* var. *prosulcata* Str. .	+						
* *Pristis fajumensis* Str.	—	—	—	—	—	+	+
Propristis schweinfurthi Dames[2] . .	—	—	+	—	—	+	+
* *Notidanus serratissimus* Ag.[3] . . .	—	—	—	—	—	+[11]	
* *Scyllium minutissimum* Winkler[4] .	—	—	+	—	—	+	
* *Ginglymostoma blanckenhorni* Str.[5]	+	—	+	—	—	+?	
* *Isurus desori* var. *praecursor* Ler.[6]	+	+	+	—	—	+	+
* *Isurus* cf. *sillimanni* G.	+						
* *Isurus* sp.	—	—	+	—	—	+	
* *Isurus* sp.	—	—	+	—	—	+	
* *Alopecias* sp.	—	—	+	—	—	+	
* *Odontaspis macrota* Ag.	+						
* *Odontaspis* cf. *crassidens* Ag. . .	+	—	+	—	—	+	+
* *Odontaspis cuspidata* (Ag.) var. *hopei* Le Hon[7]	+	—	—	—	—	+	+
* *Lamna verticalis* Ag.	+	—	—	—	—	+	+
* *Lamna* cf. *vincenti* Woodw. . . .	+	—	—	—	+?	+	
? *Otodus aschersoni* Zittel	+	—	+	—	—	+	
* *Carcharodon* sp.[8]	+	—	—	—	+	+	+
* *Carcharodon* cf. *lanceolatus* Ag.[9] .	+						
* *Carcharodon auriculatus* de Blv. .	+	+					
ˮ *Hemipristis curvatus* Dames . . .	+	—	—	—	—	+	+
* *Galeocerdo aegyptiacus* Jaekel . .	—	—	+	—	—	+	
* *Galeocerdo latidens* Ag.	+						
?* *Carcharinus nigeriensis* Withe[10] .	+	—	+	—	—	+	
* *Aprionodon frequens* Dames . . .	+	+	+	+	—	+	+
* *Prionodon* aff. *egertoni* Ag. . . .	—	+?	—	—	—	+	+
* *Prionodon* sp.	+	+					

[1]) Vergl. zu v. Stromer's Untersuchungen über die Myliobatiden (1905 a, b) die kritischen Bemerkungen Leriche's (1906).

[2]) Vergl. hierzu die Ausführungen White's in 1926, S. 49.

[3]) Nach Priem 1914.

[4]) Nach Leriche 1905 S. 113.

[5]) Vergl. zu der von Priem 1905 und 1907 beschriebenen Art *G. fourtaui* die Ausführungen Leriche's in 1922, S. 204).

[6]) Leriche 1922, S. 205.

[7]) Vergl. Priem 1914. *Odontaspis abbatei* (Priem 1899) ist nicht aufgenommen im Anschluß an v. Stromer's Ausführungen in 1905 a S. 171—72.

[8]) Bei v. Stromer erwähnt als Carcharodon aff. turgidus und Carcharodon aff. angustidens. Vergl. zu diesen beiden Arten Leriche 1922, S. 207 und 1906, S. 221.

[9]) Nach Leriche 1922, S. 207.   [10]) Vergl. White 1926, S. 36.   [11]) Ein einziger Zahn.

Fortsetzung.

Namen der Arten	Mokattam bei Kairo		Uadi Ramlijeh	Kafr el Ahram	Plateau von Giseh	Norden des Fajum	
	unterer	oberer				Qerun-Stufe	Sagha-Stufe
Teleostomi.							
*Polypterus sp.	—	—	—	—	—	+	
Pycnodus variabilis Str.	+						
Pycnodus mokattamensis Priem	+	+					
?Xenopholis sp.	+						
*Arius fraasi Peyer	+						
Fajumia schweinfurthi Str.	—	—	—	—	—	—	+
Fajumia stromeri Peyer	—	—	—	—	—	—	+
Ariopsis aegyptiacus Peyer	—	—	—	—	—	—	+
Socnopaea grandis Str.	—	—	—	—	—	—	+
Mylomyrus frangens Woodw.	+						
*Solea eocenica Woodw.	+						
*Sphyraena fajumensis (Dames)	+	—	—	+	—	+	+
Ctenodentex aff. laekeniensis St.	+						
?Ctenodentex magnus n. sp.	+						
Lates fajumensis n. sp.	—	—	—	—	—	+	
?Smerdis lorenti v. M.	+?						
?*Diplodus sp.	+						
Egertonia stromeri n. sp.	—	—	—	—	—	—	+
Platylaemus mokattamensis n. sp.	+						
*Cybium sp.	+	—	—	—	—	+	
Xiphiorhynchus aegyptiacus n. sp.	—	—	—	—	—	—	+
Cylindracanthus rectus (v. Ben.)	—	—	—	—	—	+	
Cylindracanthus gigas Woodw.	+						
?*Triacanthus sp.	+						
Eotrigonodon serratus (Gerv.) var. aegyptiaca (Pr.)	+	+[1]	—	—	—	+	
*Diodon (*Chilomycterus) hilgendorfi (Dames)	+	—	—	—	—	+	+
*Diodon (*Chilomycterus) latus n. sp.	—	—	—	—	—	+	
*Diodon intermedius n. sp.[2]	+						

Wie aus dieser Aufzählung hervorgeht, ist der Charakter der Ablagerungen der Mokattamstufen bei Kairo, des Uadi Ramlijeh, des Plateau's von Giseh und von Kafr el Ahram rein marin. Das Auftreten der Siluriden, die heute Süßwasserbewohner sind, steht damit keineswegs in Widerspruch, da man sie im Alttertiär auch sonst (Pariser, Londoner und Mainzer Becken, Belgien u. s. w.) häufig in einwandfrei marinen Ablagerungen antrifft.

Demgegenüber zeigt *Polypterus* in den Ablagerungen im Norden des Fajum die Einwirkung von Süßwasser an. Es kann sich dabei nur um den in dieser Gegend einmündenden

---

[1] Nach Priem 1899.

[2] Nicht aufgezählt ist *Triacis* sp., welche Art Priem 1914 aus dem oberen Mokattam erwähnt. Vergl. hierzu Leriche 1905, S. 123.

Urnil handeln (siehe BLANCKENHORN 1921). Durch diese Verhältnisse erklärt sich auch der große Reichtum an Pristiden in den Ablagerungen im Norden des Fajum, im Gegensatz zu ihrer Seltenheit in den Mokattamstufen bei Kairo. Handelt es sich doch bei den Pristiden um Fische, die weit in die Flußläufe eindringen, ebenso wie viele Carchariiden. Auch durch *Lates fajumensis* wird der geschilderte Charakter der Fajum-Ablagerungen unterstrichen. Nicht unerwähnt soll außerdem bleiben, daß auch *Sphyraena* und die Gymnodonten, die beide im Fajum vertreten sind, in das Süßwasser eindringen. Demgegenüber scheint aber die Anwesenheit pelagischer Fische, wie der Scombriden und Xiphiiden zunächst befremdend. Aber einmal liebt gerade die im Fajum nachgewiesene Gattung *Cybium* im Gegensatz zu den meisten übrigen Scombriden mehr die Küstennähe[1]), und des weiteren muß man bedenken, daß pelagische Tiere sich ab und zu in Mündungsgebiete hinein verirren. Verbürgt und für unseren Fall lehrreich ist der im Jahre 1696 erfolgte Fang eines Schwertfisches (*Xiphias gladius*) im Weserunterlauf, an den ein noch heute im Bremer Rathaussaal aufgehängtes Bild des erlegten Fisches erinnert.

Das Vorherrschen der Lamniden gegenüber den Carchariiden gibt der ägyptischen Fischfauna von vornherein einen alttertiären Anstrich. Die Schichten, aus denen sie stammt, werden auch teils dem Mitteleozän (unterster und unterer Mokattam, Uasta, Plateau von Giseh), teils dem Obereozän eingereiht (Norden des Fajum [Qerun-Stufe und Kasr es Sagha-Stufe], oberer Mokattam und Kafr el Ahram). Unter den obereozänen Ablagerungen stellen die von Kasr es Sagha die jüngste Eozänstufe vor.[2])

In diese Stratigraphie fügt sich die beschriebene Fischfauna zum Teil gut ein, wie ein Vergleich mit den am gründlichsten durchgearbeiteten Eozänfaunen Belgiens, des Pariser und Londoner Beckens zeigt. Darüber gibt die Tabelle I (S. 44) Auskunft. Unter den 12 Arten, welche die untere Mokattam-Stufe mit Nordwest-Europa gemeinsam hat, gehen 8 vom Untereozän bis zum Obereozän durch, 2 kommen nur im Unter- und Mitteleozän vor, und 2 sind nur in jüngeren Stufen als das Untereozän vertreten. Daraus ergibt sich für die untere Mokattam-Stufe deutlich ein jüngeres Alter als Yprésien und ein höheres als Bartonien, also Mittel-Eozän.

Nicht so klar ist das Ergebnis für die Qerun- und Sagha-Stufe, sowie die obere Mokattam-Stufe. Von den 12 mit Belgien, dem Pariser und Londoner Becken gemeinsamen Arten gehen 7 durch das ganze Eozän, 3 bleiben auf Unter- und Mitteleozän beschränkt und 2 kommen nur im mittleren und oberen Eozän vor. Ein rein obereozäner Charakter läßt sich aus diesen Tatsachen nicht ermitteln, wie schon STROMER (1914, S. 54) bemerkte, sondern nur ein Alter, das bestimmt jünger ist als untereozän.

Über die klimatischen Verhältnisse des Meeres, das zur Eozänzeit Ägypten überflutete, gibt die Tabelle II A Auskunft (S. 45). Unter den 23 mitteleozänen noch heute lebenden Gattungen befindet sich keine einzige, die nicht in den tropischen Gegenden vorkäme. Der tropischen, subtropischen und gemäßigten Zone gehören an 11 Gattungen (rund 48 %); der tropisch-subtropischen Zone 7 (30,4 %) und 5 (= 21,6 %) sind auf die tropische Zone beschränkt. Unter den 20 obereozänen Gattungen sind 10 (50 %) in der tropischen bis gemäßigten Zone vertreten, während 6 Gattungen (30 %) in der tropisch-subtropischen

---

[1]) GÜNTHER 1886, S. 325; EARLL 1880.
[2]) BLANCKENHORN 1921.

vorkommen und 4 (20 %) weitere auf die tropische Zone beschränkt bleiben. Alles in allem ergibt sich aus diesen Darlegungen, daß sowohl im Mittel- als auch im Obereozän in dem das heutige Ägypten bedeckenden Meer eine tropische Fischfauna vorhanden war. Unterstrichen wird der tropische Charakter des Eozänmeeres noch dadurch, daß unter den tropisch-subtropischen Gattungen die Ariiden und Pristiden gerade in der heißen Zone ihre hauptsächliche Entfaltung zeigen. Damit steht die eozäne Fischfauna Ägyptens in Einklang mit den anderen eozänen Fischfaunen Süd- und Westeuropas (Monte Bolca, Belgien, Londoner und Pariser Becken), die alle ein tropisches Gepräge tragen.

Die im ägyptischen Eozän vertretenen Haigattungen leben heute, mit Ausnahme der Gattung *Hemipristis*, die auf das Rote Meer beschränkt ist, weit verbreitet im Gebiet des Mittelmeeres, des Atlantischen und Indo-Pazifischen Ozeans. Nur die Vertreter der Gattung *Aëtobatis* zeigen eine gewisse Einseitigkeit insofern, als sie hauptsächlich im Indischen und Großen Ozean zu Hause sind.

Ebenso weit verbreitet sind zum Teil auch die Teleostier-Gattungen. *Solea*, *Diplodus* und *Sphyraena* kommen im Mittelmeer, dem Atlantischen und Indischen Ozean vor. *Chilomycterus*, *Diodon* und *Cybium* bleiben auf den Indischen und Atlantischen Ozean beschränkt, während *Triacanthus* nur im Indischen Ozean lebt (WEBER und de BEAUFORT 1921)[1]. Im Gegensatz zu der ungefähr gleichalterigen Fischfauna des Monte Bolca, bei der bereits PALACKY (1891) den vorherrschenden indo-pazifischen Einschlag betonte (50 % der Monte Bolca Arten tragen nach seinen Angaben indisches Gepräge), spürt man bei der eozänen Fischfauna Ägyptens nur wenig von einem solchen Einfluß. Lediglich die Gattung *Triacanthus*, die noch nicht einmal mit Bestimmtheit nachgewiesen ist, und die vorwiegend im Indischen Ozean vertretenen Gattungen *Aëtobatis* und *Sphyraena* können zugunsten eines solchen Einschlages angeführt werden.

Zweifellos ist dieser Unterschied zwischen dem ägyptischen und oberitalienischen Eozän nicht grundsätzlicher Art, sondern nur die Folge unserer besonders bei den Teleostiern noch immer recht dürftigen Kenntnisse der erstgenannten Fauna, dürftig vor allen Dingen im Vergleich zu dem Reichtum an fossilen Formen, die der Monte Bolca in seinen Kalken überliefert hat. Wir werden weiter unten noch einmal auf die Ursachen der lückenhaften Überlieferung im ägyptischen Eozän zurückkommen.

Nach den Aussagen der Tabelle II B trägt das Meer des mittleren und oberen Eozäns durchaus den Charakter einer Küstensee, was ja auch für das Obereozän im Norden des Fajum durch die eingeschwemmten Süßwasserformen bestätigt wird. Unter den 15 noch heute lebenden mitteleozänen Hai-Gattungen geht 1 (rund 7 %) aus dem Flachwasser auch in die tieferen Meeresgebiete. 12 Gattungen (rund 80 %) sind litoral und pelagisch und je 1 (7 %) ist lediglich pelagisch bzw. litoral. Klarer tritt der litorale Charakter bei den Teleostiern hervor. Unter den 7 noch lebenden Gattungen ist 1 (14,3 %) litoral und pelagisch, nämlich die Gattung *Cybium*, die aber im Gegensatz zu den meisten anderen Scombriden mehr den Aufenthalt an der Küste bevorzugt. Der Rest (85,7 %) dagegen ist rein litoral. Von den obereozänen 16 Haigattungen ist 1 (6 %) litoral und abyssal, 13 (82 %) sind litoral und pelagisch und je 1 (6 %) ist ausschließlich litoral bzw. pelagisch. Nur, oder doch vorwiegend litoral sind die 4 noch jetzt lebenden Teleostier-Gattungen.

---

[1] Die nahe verwandte Gattung *Hollardia*, die fossil vielleicht nicht von *Triacanthus* dem Gebiß nach unterschieden werden kann, lebt in West-Indien (REGAN 1903).

Außer durch diese Tatsachen wird der küstennahe Charakter des Meeres, in dessen Sedimenten die beschriebenen Fischreste eingebettet wurden, noch unterstrichen durch die Art der Lage zueinander, die in einem Falle bei zwei auf derselben Platte liegenden Leichen festgestellt werden kann. In dem mitteleozänen Mokattam ist eine Bank (vielleicht sind es auch mehrere) eingeschaltet, die ganze Fischabdrücke geliefert hat. H. v. MEYER hat 1851 aus einer solchen (von ihm irrtümlicherweise für limnisch gehaltenen) Schicht seine *Perca (? Smerdis) lorenti* beschrieben.[1]) Auf der beigegebenen Abbildung erkennt man zwei im Schwanzabschnitt leicht aufwärts gekrümmte, seitlich eingebettete Fische, die sich teilweise überdecken, und mit ihrer Längsachse in einer Richtung liegen. Man gewinnt den Eindruck, daß die Leichen durch bewegtes Wasser orientiert wurden, wie es in flachen Küstengewässern der Fall zu sein pflegt (WEIGELT 1927, 1928). Es läßt sich allerdings nicht feststellen, ob die Orientierung durch vorhandene Bodenströmung eintrat, oder auf vom Wind verursachte Wellen zurückzuführen ist, deren Wirkung bis auf den Grund des Gewässers ging. —

Der Anpassungstyp der einzelnen im ägyptischen Eozän vertretenen Fischgattungen wurde nach DOLLO's (1904) SCHLESINGER's (1909) und ABEL's (1912) Angaben ermittelt. Aus der Zusammenstellung in der Tabelle III ergibt sich, daß von den 10 Knochenfisch-Gattungen des Mitteleozäns 2 (20%) dem Bodenleben angepaßt waren. 4 (40%) gehörten dem planktonischen und 4 (40%) dem nektonischen Typus an. Unter den Haien zeigen 4 Gattungen (27%) Anpassungen an die benthonische Lebensweise, während der Rest (73%) dem Nekton angehörte.

Ähnlich liegen die Verhältnisse bei der obereozänen Fauna. Von den 7 Teleostiergattungen, deren Anpassungstyp ermittelt werden konnte, ist keine benthonisch, 2 (28,6%) sind planktonisch und 5 (71,4%) nektonisch. Unter 17 Haigattungen befinden sich 4 (23,5%) benthonische, keine planktonischen und 13 (76,5%) nektonische Formen.[2])

Unter den Fischen, die das eozäne ägyptische Meer bewohnten, herrschte demnach der fusiforme Typ mit homo- oder heterocerker Schwanzflosse bei weitem vor, während die benthonischen und planktonischen Formen stark zurücktraten. Bei der Fischfauna des Monte Bolca und Monte Postale dagegen gehörten weitaus die meisten dem planktonischen Typ an (LERICHE 1906). Darin äußert sich ein weitgehender Unterschied in der Beschaffenheit des Lebensraumes, in dem die beiden Faunen gediehen. Hier, wie die zahlreichen planktonischen Formen verraten, ein sehr stilles Wasser, das die im Schlamm versunkenen Leichen prachtvoll konservierte, dort dagegen bewegteres Wasser, in dem die Leichen großenteils bis zur Unkenntlichkeit zerfielen. Nur solche, von denen genügend große Bruchstücke vorliegen, oder solche mit systematisch wertvollen Hartteilen (Rostren, Zähne usw.) lassen sich unter dem fossilen Material noch einwandfrei deuten, während ein sehr beträchtlicher Prozentsatz nur in Form von wertlosen Bruchstücken erhalten blieb. Auf diese Tatsache ist es meines Erachtens in erster Linie zurückzuführen, daß die Selachier mit ihren widerstandsfähigen Zähnen den größten Bestandteil der Eozänfauna Ägyptens ausmachen, und daß bei den Teleostiern gerade die Formen mit durophagem Gebiß zahlenmäßig auffallend stark vertreten sind. Rund die Hälfte aller Knochenfische gehört hierher.

Die bis jetzt bekannte Fischfauna des ägyptischen Eozäns stellt demnach **eine durch die geschilderten Verhältnisse einseitig ausgelesene Teilfauna** vor.

---

[1]) Vergl. hierzu auch EGERTON 1854. [2]) *Polypterus* wurde nicht berücksichtigt.

Wie fügt sich die beschriebene ägyptische Fauna in den Rahmen der bis jetzt bekannten gesamten Eozänfauna ein? Das ist die nächste Frage, die es jetzt zu lösen gilt. Zu diesem Zwecke wurde die Tabelle IV entworfen. Sie geht von der ägyptischen Fischfauna aus und zeigt, welche ihrer Arten gleichzeitig auch im Gebiet des heutigen Mittelmeeres (Nordküste Afrikas, Südküste Europas), des Indo-Pazifischen Ozeans (Indien, Ostafrika, Neuseeland) und des Nord- und Südatlantischen Ozeans (Londoner und Pariser Becken, Belgien, Nordamerika, Südamerika und Westafrika) vertreten sind.

Zunächst geht aus dieser Übersicht hervor, daß eine ganz beträchtliche Anzahl der ägyptischen Arten in all den aufgezählten Meeresgebieten angetroffen wird, und zwar sind es ausschließlich die nektonischen Formen, vor allem die Haie, welche eine weltenweite Verbreitung besitzen. Die Teleostier haben nur unter den ausgezeichneten Schwimmern (Xiphiiden) gemeinsame Arten, während die litoralen Arten der einzelnen Bezirke, wie die Tabelle V zum Ausdruck bringt, lediglich der Gattung nach weitgehend übereinstimmen, da sie infolge ihrer größeren Abhängigkeit von der Küste zur Bildung von Lokalformen neigen. So zeigen Haie und Knochenfische in klarer Weise, daß die mittel- und obereozäne Fischfauna Ägyptens sich zwanglos in die Fauna der großen west-östlich sich erstreckenden Tethys einfügt.

Von ganz besonderem Interesse sind ihre Beziehungen zu den eozänen Fischen Belgiens, des Pariser und Londoner Beckens (Tabelle IV und V), die bei den Teleostiern auffallend eng sind. Sehen wir von der auch sonst recht weit verbreiteten Art *Cylindracanthus rectus* ganz ab, so bleiben im ägyptischen Eozän noch immer folgende Arten übrig, die mit den Arten der entsprechenden Gattungen Nordwest-Europas nahe verwandt sind:

Ctenodentex aff. *laekeniensis*
Eotrigonodon serratus var. *aegyptiaca*
Platylaemus mokattamensis.

Recht eng verwandt sind auch allem Anschein nach die Vertreter der Gattungen *Xiphiorhynchus* und *Egertonia* in beiden Gebieten, da sie ebenfalls nur sehr geringfügige Unterschiede aufweisen. Auch mit der mitteleozänen Fischfauna von Nigeria (WHITE 1926), die der ägyptischen recht nahe steht, ist das nord-westeuropäische Eozän ziemlich eng verbunden. Beiden gemeinsam ist, neben einer Reihe von anderen Selachiern, die Art *Carcharodon debrayi* LERICHE (1906), die man bisher nur aus dem Lédien Nordfrankreichs und dem Eozän Patagoniens kannte, und unter den Knochenfischen *Cylindracanthus rectus* sowie die Gattungen *Arius*, *Platylaemus* und *Scombramphodon*.

Sehr klar tritt die Ähnlichkeit der eozänen Fischfauna NW.-Europas mit der gleichalterigen des Mittelmeer-Gebietes einschließlich Nigerias hervor, wenn man die Gattungen beider Faunen miteinander vergleicht, wie es in der Tabelle VI geschehen ist. Unter den 59 Gattungen, die bis jetzt im Eozän Belgiens, des Pariser und Londoner Beckens festgestellt wurden, kommen nicht weniger als 28 (47,5 %) auch in den gleichalterigen Ablagerungen des Mittelmeeres vor.

Man kann aus solchen Tatsachen nur schließen, daß das englisch-französisch-belgische Becken zur Eozänzeit ein Teilgebiet der Tethys darstellte, so wie es z. B. auch auf der Karte Nr. 2 in v. IHERING's Geschichte des Atlantischen Ozeans (1927) zum Ausdruck gebracht ist. Damit steht auch der klimatische Befund in Übereinstimmung, der in beiden in Frage stehenden Gebieten auf ein tropisches Klima hinweist. Während der Eozänzeit zeigte also das heutige nordatlantische Becken noch keine ausgeprägte faunistische Sonderstellung. Sie bildet sich vielmehr erst deutlich im Oligozän heraus, wie aus einem Vergleich der gut durchgearbeiteten belgischen Rupelton-Fauna (LERICHE 1910) mit der mitteloligozänen von Chiavon (BASSANI 1889, D'ERASMO 1922) und Ales (BASSANI 1900, 1900a, 1901) hervorgeht.[1]

Nach BASSANI's (1889, 1900, 1900a) und D'EERASMO's (1922) Untersuchungen enthalten die Fischfaunen von Ales und Chiavon 31 Teleostier-Gattungen, wobei die nur unsicher bekannten Arten und Gattungen nicht mitgezählt sind. Davon kommen nur 12 Gattungen im Eozän des Monte Bolca und Monte Postale nicht vor. Die Chiavon-Fauna vor allem stellt demnach in ihren Grundzügen die Fortsetzung der eozänen Tethysfauna vor, aber unter den 12 zum erstenmal auftretenden Gattungen gehören 5 Vertreter bereits der sich jetzt entwickelnden modernen Mediterran-Fauna an, nämlich Gobius[2], Scomber, Caranx, Pagrus und Lepidopus.

Auch unter den mitteloligozänen Teleostiergattungen des belgischen Rupeltones sind 8—9 Gattungen bereits im Eozän des betreffenden Gebietes sowie des Pariser und Londoner Beckens vorhanden, aber auffallenderweise fehlen gerade die Typen, welche der eozänen Fischfauna das Gepräge einer Tethysfauna gaben. Teils sind die in Frage stehenden Gattungen im Oligozän bereits ausgestorben (Platylaemus, Egertonia, Ctenodentex, Cylindracanthus und Eotrigonodon), oder aber sie fehlen aus einem anderen Grund (Diodon, Triodon, Phyllodus, Ostracion, Xiphiorhynchus u. a.). Unter den neu hinzugekommenen Gattungen (Xiphias, Neocybium, Platylates, Cottus, Trigla) befindet sich keine einzige, die gleichzeitig auch im Mittelmeer auftritt.

Aus diesen Darlegungen geht hervor, daß nach dem Stand unserer heutigen Kenntnis mit Beginn des Oligozäns die mehr oder weniger einheitlich ausgebildete Fischfauna der Tethys sich in einzelne Bezirke auflöst, zweifellos infolge von Grenzverschiebungen zwischen Land und Meer. Im Mitteloligozän besteht nicht mehr die breite Verbindung, die das große nord-westeuropäische Becken zu einem Teilgebiet der Tethys machte, sodaß von jetzt ab seine Fischfauna einen anderen Entwicklungsgang einschlagen muß, als die des Mittelmeers.

Zwar öffnet sich noch einmal weiter östlich vorübergehend während des Mitteloligozäns eine verhältnismäßig schmale Straße zwischen dem Septarienton-Meer im Norden und dem Mittelmeer im Süden. Aber obwohl in ihrem mittleren Abschnitt, dem Mainzer Becken, die atlantischen und mediterranen Formen sich mischen (WEILER 1928), kommt es doch nicht mehr zu einem nachhaltigen Austausch zwischen beiden Faunengebieten. —

Von Ägypten aus läßt sich das Eozän der Nordküste Afrikas entlang bis in die Gegend von Algier verfolgen. Dann fehlt es, um erst wieder in der Nähe der Guineaküste aufzutauchen. Von hier aus sind eozäne Ablagerungen bis in die Gegend des ehemaligen Deutsch-Süd-Westafrika nachgewiesen. Die südlichste bekannte Ablagerung stellt die aus dem Diamantengebiet von Bogenfels vor, die BÖHM (1926) auf Grund ihrer Fauna dem Mittel- bis Obereozän zuteilte. Ein Vergleich der Bogenfelser Selachier mit den eozänen des englisch-französisch-belgischen Gebietes, spricht meines Erachtens eher für die ältere als für die jüngere Stufe, wie aus der kleinen beigefügten Tabelle hervorgeht.

---

[1] Die oligozäne Fischfauna der nördlichen Randgebiete des Mittelmeeres wurde mit Absicht nicht herangezogen.

[2] Das Vorkommen der Gattung Gobius in den Kalken des Monte Bolca ist nicht einwandfrei festgestellt.

D.S.W.-Afrika	Belgien				Pariser Becken				Londoner Becken		
Namen der Arten	Unter-eozän	Mittel-eozän	Lédien	Ober-eozän	Unter-eozän	Mittel-eozän	Lédien	Ober-eozän	Unter-eozän	Mittel-eozän	Ober-eozän
*Notidanus serratissimus	−	+	−	−	−	−	−	−	+		
*Cestracion vincenti . .	+	+									
*Odontaspis macrota . .	+	+	+	+	+	+	+	+	+	+	+
*Odontaspis winkleri . .	+	+	−	−	+	+					
*Isurus desori var. praecursor . . .	+	+	−	−	−	+	+				
*Lamna vincenti . . .	+	+	+	+	+	+	+	−	+	+	+
*Galeocerdo latidens . .	+	+	−	−	−	+					
*Squatina prima . . .	+	+	−	−	+						
*Myliobatis cfr. dixoni .	+	+	+	−	+	+	−		−	+	+

An dem relativ hohen Alter der Bogenfelser Schichten ist also nach der durch Böhm festgestellten Fischfauna nicht mehr zu zweifeln, das sei im Gegensatz zu v. Ihering's Auffassung (1927, Kap. 5) ausdrücklich betont. Die paläontologischen Tatsachen beweisen demnach, daß bereits im Mitteleozän oder mit Beginn des Obereozäns die Westküste Afrikas von Mauretanien an bis in die Gegend des südlichen Wendekreises annähernd den heutigen Verlauf nahm.

Schwieriger liegen die Verhältnisse auf der südamerikanischen Seite des Atlantischen Ozeans. Eozäne Ablagerungen finden sich hier vom Amazonas bis Bahia und in Patagonien. Letztere enthalten ziemlich Selachierzähne, die nach den Untersuchungen vor allem von Ameghino (1906, 1908) und Leriche (1907) den in der nachstehenden Tabelle angegebenen Arten anzugehören scheinen.

Patagonien	Belgien				Pariser Becken				Londoner Becken		
Namen der Arten	Unter-eozän	Mittel-eozän	Lédien	Ober-eozän	Unter-eozän	Mittel-eozän	Lédien	Ober-eozän	Unter-eozän	Mittel-eozän	Ober-eozän
*Odontaspis cuspidata[1] .	+	+	+	+	+	+	+	+	+	+	+
*Isurus patagonicus . .	−	−	−	−	−	−	−	−	−	−	−
*Isurus desori var. praecursor . . .	−	+	+	−	−	+	+	−	−	−	−
*Carcharodon auriculatus	−	+	+	+	−	+	+	−	−	+	+
*Carcharodon debrayi .	−	−	+	−	−	−	−	−	−	−	−
*Galeocerdo contortus[2] .	−	−	−	−	−	−	−	−	−	−	−
*Galeocerdo latidens . .	+	+	−	−	−	+	−	−	+	+	+
*Otodus obliquus . . .	+	+	−	−	+	+	−	−	+	+	+
*Isurus nova	+	+	−	−	+	+	−	−			
*Carcharodon chubutensis[3]	−	−	−	−	−	−	−	−	−	−	−

---

[1] Vielleicht O. cuspidata var. hopei.
[2] Vielleicht Carcharinus nigeriensis White.
[3] Kommt nach Leriche (1927) auch in der Schweizer Molasse vor.

Auf Grund des Vergleiches der patagonischen Fischfauna mit der des englisch-belgisch-französischen Eozängebietes (siehe die eben erwähnte Tabelle) dürfte dem Patagonien[1]) ein wesentlich höheres Alter zukommen als Leriche (1907) annahm. Nicht miozän, sondern eozän ist der Charakter seiner Fischfauna, wie auch v. Ihering betont (1924, 1927). Sie fügt sich nach ihrer Zusammensetzung mühelos in den Rahmen der Tethysfauna ein, mit der sie mindestens 5 Arten (= 50 %) gemeinsam hat. Diese Tatsache erscheint insofern von besonderer Wichtigkeit, als v. Ihering behauptet, während des Eozäns habe zwischen Brasilien und Afrika noch eine Landbrücke bestanden, die er Archhelenis nennt (1927). Erst im Oligozän soll der bereits mit der jüngeren Kreide von Norden her beginnende Zerfall der Archhelenis so weit fortgeschritten gewesen sein, daß Afrika und Südamerika selbständige Kontinente vorstellten.

Eine nicht unwesentliche Stütze für seine Theorie entnimmt v. Ihering dem Vergleich der patagonischen Selachierfauna mit der eozänen Nordamerikas. Indem er einerseits die Verwandtschaft der südamerikanischen Haie mit der Tethysfauna anerkennt, betont er andererseits gewisse auffallende Differenzen zwischen beiden. So sollen in der patagonischen Formation eine Anzahl von Arten, die im nordamerikanischen Eozän schon vorhanden sind, fehlen, in Südamerika überhaupt erst im Miozän (Entrerios-Schichten) auftreten. Es handelt sich dabei um *Carcharodon megalodon, Isurus hastalis, Hemipristis serra* und *Galeocerdo aduncus.* Als Erklärung für ihr spätes Erscheinen im Süden zieht v. Ihering seine eozän noch bestehende Archhelenis heran, die ein Abwandern über den Äquator hinaus unmöglich gemacht habe (v. Ihering 1927 und 1927 a).

Merkwürdigerweise fehlen aber die genannten Arten, was v. Ihering nicht entging, nicht bloß im Eozän Südamerikas, sondern auch in den gleichalterigen Schichten Europas, um hier genau wie in Argentinien erst im Miozän aufzutauchen, obwohl doch im Norden des atlantischen Gebietes während des Eozäns freies Meer zwischen beiden Erdteilen bestand. In der Tat scheint sich das Problem, wie ich 1928b schon kurz darlegte, in ganz anderer Weise zu lösen. Das Alter der nordamerikanischen Arten ist zum großen Teil sehr unzuverlässig angegeben. Um den Durcheinander, der in dieser Hinsicht in der nordamerikanischen Literatur herrscht, kennen zu lernen, braucht man nur einmal die Arbeit von Fowler (1911) durchzusehen. Es scheinen tatsächlich nur wenige zuverlässige Arbeiten über die alttertiären Fische der Ostküste Nordamerikas vorhanden zu sein, nämlich die von Clark (1896) und Eastman (1901). Selbst die an und für sich gute Monographie von Gibbes (1849) kann man nur mit Vorsicht benutzen. Unter Beobachtung eines kritischen Standpunktes ergibt sich, daß allem Anschein nach in Nordamerika keine einzige der sonst erst miozän auftretenden Arten schon eozän vorhanden war. Nur bei Clark wird *Isurus hastalis* aufgezählt, aber nach seinen eignen Angaben ist kein einziger der von ihm erwähnten Zähne vollständig erhalten, die Bestimmung daher nicht zweifelsfrei.

Mit dieser Tatsche fällt ein wichtiger Beweispunkt in v. Iherings Archhelenistheorie. Der Tethys-Charakter der patagonischen Haifauna aber bleibt bestehen, und so lange die Herkunft der Selachier nicht einwandfrei geklärt ist, bleibt die Archhelenis eine noch zu beweisende Annahme.

---

[1]) Ameghino unterschied ein oberes und unteres Patagonien, die aber nach v. Ihering 1927 nur schwer voneinander zu trennen sind.

Zusammenfassung.

1. Die mittel- und obereozäne Fischfauna Ägyptens ist rein marin, nur im Norden des Fajum, wo der libysche Urnil einmündete, treten marine und limnische Formen miteinander vermischt auf.
2. Die Fischfauna trägt tropisches Gepräge. Sie setzt sich aus vorwiegend litoralen Gattungen zusammen, unter denen die nektonischen vorherrschen.
3. Unter den anderen eozänen Fischfaunen stimmt die Belgiens, des Londoner und Pariser Beckens mit ihr in vielen Zügen überein, was zur Annahme berechtigt, daß Nordwest-Europa zur Eozänzeit mit dem heutigen Mittelmeergebiet in breiter Verbindung stand. Erst im Oligozän zeigt die nordwesteuropäische Fischfauna eine von der gleichalterigen Fischfauna des Mittelmeeres abweichende Ausbildung. Die breite eozäne Verbindungsstraße beider Faunengebiete besteht nicht mehr, sodaß sie sich von jetzt an in verschiedener Richtung entwickeln.
4. Die Eozänablagerungen lassen sich von Ägypten bis Algier und von der Guineaküste bis Deutsch-Südwestafrika verfolgen. Die Fischfauna des letztgenannten Abschnittes zeigt unter den nektonischen Formen zahlreiche Arten aus dem Mittelmeer-Gebiet, sodaß der Westküste Afrikas entlang von Oberguinea ab bis mindestens Deutsch-Südwestafrika zur Eozänzeit freies Meer war.
5. Die eozäne Fischfauna Patagoniens weist ebenfalls mittelmeerische Arten auf. So lange ihre Herkunft nicht einwandfrei festgestellt ist, kann die von v. IHERING angenommene und als Archhelenis bezeichnete eozäne Festlandsverbindung zwischen Afrika und Südamerika nicht als gesicherte Tatsache gelten.

Tabelle I.

Namen der ägyptischen Arten	Fundstelle			Belgien				Pariser Becken				Londoner Becken		
	Untere Mokattam-Stufe	Obere Mokattam-Stufe	Qerun- und Sachs-Stufe	Yprésien	Lutétien	Lédien	Bartonien	Yprésien	Lutétien	Lédien	Bartonien	Untereozän	Mitteleozän	Obereozän
Myliobatis toliapicus . .	+	−	+	+	+	−	+	+	+	−	−	+	+	+
Myliobatis striatus . . .	+	−	+	−	+	−	+	+	−	−	−	−	+	+
Myliobatis dixoni . . .	+	−	+	+	+	+	+	+	+	−	‥	−	+	+
Notidanus serratissimus .	−	−	+	+	+	−	−	−	−	−	−	+	−	−
Scyllium minutissimum .	+	−	+	+	+	−	−	+	−	−	−	−	−	−
Isurus desori var. praecursor	+	+	+	−	+	−	−	−	+	+	−	−	−	−
Odontaspis macrota . .	+	−	−	+	+	+	+	+	+	+	+	+	+	+
Odontaspis cf. crassidens .	+	−	+	+	+	+	+	−	−	−	−	−	−	−
Odontaspis cuspidata var. hopei	+	−	+	+	+	+	+	+	+	+	+	+	+	·+
Lamna verticalis . . .	+	−	+	+	+	+	−	+	+	−	−	−	−	−
Lamna cf. vincenti . .	+	+?	+	+	+	+	+	+	+	−	−	+	+	+
Carcharodon auriculatus .	+	+	−	−	−	−	+	−	+	+	−	−	+	+
Galeocerdo latidens . .	+	−	−	+	+	−	−	−	+	−	−	−	+	−
Cylindracanthus rectus .	−	−	+	+	+	−	−	−	+	−	−	−	−	−

Tabelle II.

| Namen der Gattungen | Obereozän | | | | A | | | | B | | |
| | Mokattam-Stufe | | Norden des Fajum | | Zone | | | | Zone | | |
	Mitteleozän	Obereozän	Qerun-Stufe	Sagha-Stufe	Tropische	Subtropische	Gemäßigte	Kalte	Litorale	Pelagische	Abyssale
* Myliobatis	+	+	+	+?	+	+	+	−	+	+	
* Aëtobatis	+	−	−	−	+	−	−	−	+	+	
* Pristis	+	+	+	−	+	+	−	−	+		
* Notorhynchus	−	+	−	−	+	+	−	−	+	+	
* Scyllium	+	−	+?	−	+	+	+	−	+	−	+
* Ginglymostoma	+	−	+	−	+	−	−	−	+		
* Alopecias	+	−	+	−	+	+	+	−	+	+	
* Isurus	+	−	+	−	+	+	+	−	+	+	
* Odontaspis	+	−	+	−	+	+	+	−	+	+	
* Lamna	+	−	+	−	+	+	+	−	+	+	
* Carcharodon	+	−	+	+	+	+	−	−	+		
* Hemipristis	+	−	+	+	+	−	−	−	+	+	
* Galeocerdo	+	−	+	−	+	+	+	+	+	+	
* Carcharinus	+	−	+	−	+	+	+	−	+	+	
* Aprionodon	+	+	+	+	+	+	−	−	+	+	
* Prionodon	+	+?	+	−	+	+	−	−	+	+	
* Arius	+	−	−	−	+	+	−	−	+?		
* Solea	+	−	−	−	+	+	+	−	+		
* Lates	−	−	+	+	+	+	+	−	+		
* Diplodus	+	−	−	−	+	+	+	−	+		
* Sphyraena	+	−	+	+	+	+	+	−	+		
* Cybium	+	−	+	−	+	−	−	−	+	+	
* Diodon	+	−	−	−	+	+	−	−	+		
* Chilomycterus	+	−	+	−	+	+	−	−	+		
* Triacanthus	+	−	−	−	+	−	−	−	+		
* Polypterus	−	−	+	−	+						

Tabelle III.

Namen der Gattungen	Lebensweise							
	nektonisch			benthonisch			planktonisch	
	Fusiformer Typ	Sagittiformer Typ	Veliformer Typ	Depressiformer Typ	Asymmetrisch-, compressiformer Typ	Anguilliformer Typ	Symmetrisch- compressiformer Typ	Globiformer Typ
Myliobatis	−	−	−	+				
Aëtobatis	−	−	−	+				
Pristis	−	−	−	+				
Propristis	−	−	−	+[1]				
Notidanus	+							
Scyllium	+							
Ginglymostoma	+							
Isurus	+							
Alopecias	+							
Odontaspis	+							
Lamna	+							
Carcharodon	+							
Hemipristis	+							
Galeocerdo	+							
Carcharinus	+							
Aprionodon	+							
Prionodon	+							
Pycnodus	−	−	−	−	−	−	+	
Mylomyrus	−	−	−	−	−	+		
Solea	−	−	−	−	+			
Sphyraena	−	+						
Lates	+							
Diplodus	+							
Cybium	+							
Xiphiorhynchus	−	−	+[2]					
Triacanthus	−	−	−	−	−	−	+?	
Chilomycterus	−	−	−	−	−	−	−	+
Diodon	−	−	−	−	−	−	−	+

[1] Wohl wie *Pristis*.   [2] Wohl wie *Xiphias*.

Tabelle IV. Die geographische Verbreitung der eozänen Fische Ägyptens.

Namen der Arten	Alter		Mittelmeergebiet			Indo-pazifisches Gebiet			Nordatlantisches Becken					Südatlantisches Becken	
	Mitteleozän	Obereozän	Italien [1]	Kressenberg [2]	Nordafrika [3]	Indien [4]	Ostafrika [5]	Neuseeland [6]	Londoner Becken [7]	Belgien [8]	Pariser Becken [9]	Samland [10]	Nord-Amerika [11]	W.-Afrika [12]	S.-Amerika [13]
Plagiostomi.															
Myliobatis toliapicus	+	+	–	+	–	–	–	–	+	+	+	–	–	+?	
Myliobatis striatus	+	+	–	+	–	–	–	–	+	+	+	+	–	+	
Myliobatis pentoni	+	+	–	+	+	–	–	–	+	+	+	–	+	+	
Myliobatis dixoni	+	+	–	–	–	–	–	–	–	–	–	–	–	–	
Pristis ingens	–	+	–	–	–	–	–	–	–	–	–	–	–	–	
Pristis ingens var. prosulcata	+	+	+	–	–	–	–	–	+	+	–	+	+	+	+
Pristis fajumensis	–	+	+	–	–	–	–	–	+	–	–	–	–	+	
Propristis schweinfurthi	+	+	–	–	–	–	–	–	–	–	–	–	–	–	+
Notorhynchus serratissimus	–	+?	–	–	–	–	–	+	+	+?	–	–	–	+	
Scyllium minutissimum	+	+	+	–	–	–	–	–	+	+	–	+	+	+	
Ginglymostoma blanckenhorni	+	–	–	–	–	–	–	–	–	–	–	–	–	–	
Isurus desori var. praecursor	+	–	+	–	+	–	–	+	+	+	+	+	+	+	
Isurus cf. sillimanni	+	+	+	–	+	–	–	–	–	–	–	–	–	–	
Odontaspis macrota	+	+	–	+	+	–	–	+	+	+	+	+	+	+	
Odontaspis cf. crassidens	+	+	+	+	+	–	–	+	+	+	+	–	+	+	+?
Odontaspis cuspidata var. hopei	+	+	+	–	+	–	–	+	+	+	+	–	+	+	
Lamna verticalis	+	+	–	–	–	–	–	–	–	–	–	–	–	–	
Lamna cf. vincenti	+	+	+	–	–	–	–	–	+	+	+	–	+	+	+
Lamna aschersoni	+	+	+	–	+	–	–	+	+	+	+	–	+	+	
Carcharodon cf. lanceolatus	+	+	–	–	–	–	–	–	–	–	–	–	–	–	
Carcharodon auriculatus	+	+	+	+	+	–	+	+	+	+	+	–	+	+	+
Hemipristis curvatus	+	+	+	–	–	–	+	+	+	+	+	+	+	+	
Galeocerdo aegyptiacus	+	+	–	–	–	–	–	–	–	–	–	–	–	–	
Galeocerdo latidens	+	+	–	–	+	–	+	–	+	+	+	–	+	+	+
?Carcharias nigeriensis	+	+	–	–	–	–	+	–	–	–	–	–	–	+	+?
Apriomodon frequens	+	+	–	–	–	–	–	–	–	–	–	–	–	+	+?
Priodonon aff. egertoni	+	+	+	–	–	–	–	–	–	–	–	–	–	+	

Tabelle IV. (Schluß).

Ägypten Namen der Arten	Alter		Mittelmeergebiet			Indo-pazifisches Gebiet			Nordatlantisches Becken					Südatlantisches Becken	
	Mitteleozän	Oberoozän	Italien[1]	Kressenberg[2]	Nordafrika[3]	Indien[4]	Ostafrika[5]	Neuseeland[6]	Londoner Becken[7]	Belgien[8]	Pariser Becken[9]	Samland[10]	Nord-Amerika[11]	W.-Afrika[12]	S.-Amerika[13]
Teleostomi.															
Pycnodus variabilis	+	+													
Pycnodus mokattamensis	+	+	+						−	−		−	−	+	
*Arius fraasi	−	+													
Fajumia schweinfurthi	−	+													
Fajumia stromeri	−	+													
Ariopsis aegyptiacus	−	+													
Socnopaea grandis	−	+													
Mylomyrus frangens	−	+													
*Solea eocenica	+	+													
*Sphyraena fajumensis	+	+	+	−	−	−	−	−	−	−	−	−	−	+	
*Lates fajumensis	+	+													
?Smerdis lorenti	−	+													
Egertonia stromeri	+	+													
Platylaemus mokattamensis	−	+													
Xiphiorhynchus aegyptiacus	−	+	+	−	−	−	−	−	+	+	+	−	−	+?	
Cylindracanthus rectus	−	+	−	−	−	−	−	−	−	+	−	−	−	+	
Cylindracanthus gigas	+	−								+					
Eotrigonodon serratus var. aegyptiaca	−	+								+					
?*Chilomycterus hilgendorf	+	+													
?*Chilomycterus latus	+	+													
*Diodon intermedius	+	+													
Ctenodentex aff. laekeniensis	+	−								+					
?Ctenodentex magnus	+	−	−	−	−	−	−	−	−	−	−	−	−		

[1]) Nach BASSANI 1889 und GEMELLARO 1910.
[2]) SCHAFHÄUTL 1863, STROMER 1901 (a), SCHLOSSER 1925.
[3]) SAUVAGE 1889, THOMAS 1893, de ALESSANDRI 1902, PRIEM 1903, LERICHE 1906.
[4]) LYDEKKER 1886 und 1887.
[5]) HENNIG 1914, PRIEM 1907 (b).
[6]) CHAPMAN 1918, DAVIS 1888.
[7]) WOODWARD 1889, 1901.
[8]) LERICHE 1905, 1906.
[9]) LERICHE 1922 (a).
[10]) NOETLING 1885.
[11]) GIBBES 1849, CLARK 1896, EASTMAN 1901.
[12]) PRIEM 1907a, STROMER 1910, LERICHE 1913, BÖHM 1926, WHITE 1926.
[13]) AMEGHINO 1906, 1908, LERICHE 1907, PRIEM 1911 (a).

Tabelle V.

Die geographische Verbreitung der Teleostiergattungen aus dem ägyptischen Eozän.

Namen der Gattungen	Alter		Mittelmeer-Gebiet		Indo-pazifisches Gebiet		Nord-Atlantisches Becken			Süd-Atlantisches Becken		
	Mitteleozän	Obereozän	Italien	N.-Afrika	Indien	Neuseeland	Londoner Becken	Belgien	Pariser Becken	N.-Amerika	W.-Afrika	S.-Amerika
Pycnodus . . .	+	−	+	+	−	−	+	+	+	−	−	−
Socnopaea . . .	−	+	−	−	−	−	−	−	−	−	−	−
Ariopsis	−	+	−	−	−	−	−	−	−	−	−	−
*Arius	+	−	−	+	−	−	+	+	+	−	+	−
Fajumia . . .	−	+	−	−	−	−	−	−	−	−	−	−
Mylomyrus . . .	+	−	−	−	−	−	−	−	-	−	−	−
*Solea	+	−	−	−	−	−	−	−	−	−	−	−
*Sphyraena . .	+	+	+	−	−	−	−	−	−	−	+	−
?Smerdis . . .	+	−	+	−	−	−	−	−	+?	−	−	−
Ctenodentex . .	+	−	−	−	−	−	−	+	−	−	−	−
Egertonia . . .	−	+	−	−	−	−	+	−	+	−	−	−
Platylaemus . .	+	−	−	−	−	−	+	−	--	−	+	−
Xiphiorhynchus .	−	+	−	−	−	−	+	+	−	−	−	−
Cylindracanthus .	+	+	+	+	+	−	−	+	+	−	+	−
Eotrigonodon . .	+	−	−	−	−	−	−	+	+	−	−	−
*Chilomycterus .	+	+	−	−	−	−	−	−	−	−	−	−
*Diodon	+	−	+	−	+	−	−	+	−	−	−	−
?*Triacanthus .	+	−	−	−	+?	−	−	−	−	−	−	−
?*Diplodus . .	+	−	−	−	−	−	−	+	+	−	−	−
*Cybium . . .	+	+	+	−	−	−	+	+	+	−	−	−

Tabelle VI.

Eozäne Fischfauna N.-W.-Europas Namen der Gattungen	Im Eozän des Mittelmeer-Gebietes vorkommende Gattungen	Im Mittel-oligozän Belgiens (Rupelton) noch vorhandene Gattungen	Eozäne Fischfauna N.-W.-Europas Namen der Gattungen	Im Eozän des Mittelmeer-Gebietes vorkommende Gattungen	Im Mittel-oligozän Belgiens (Rupelton) noch vorhandene Gattungen
Pycnodus	+		Histiophorus		
*Albula			Xiphiorhynchus	+	
Halecopsis			Brachyrhynchus		
Megalops			Glyptorhynchus	−	+
Esoxelops			Cylindracanthus	+	
*Arius	+		Palaeorhynchus	+	
Bucklandium			*Diplodus	+	
Eomyrus	+		Burtinia		
Rhynchorhina			Ctenodentex	+	
*Conger			*Dentex	+	
*Hoplosthethus			*Pagellus	+	
Acanthurus	+		*Labrax	+	+
*Holacanthus			*Diodon	+	
*Monocentris			*Triodon		
Ephippus	+		*Ostracion	+	
Prolates			Eotrigonodon	+	
*Lates	+		Egertonia	+	
Smerdis	+		Phyllodus	+	
*Serranus	+		Pseudosphaerodon	+	
Cristigerina			Labrodon		
*Apogon	+		Platylaemus	+	
Eocoelopoma			*Lophius	+	+
*Scomber			Macrostoma		
*Pelamys	−	+	*Trachinus		
*Cybium	+	+	Acestris		
Sphyraenodus	−	+	Ampheristus		
Eothynnus	+		Zanclus	+	
Scombrinus			Notogonaeus		
Scombramphodon	+	+	*Macrurus	−	+
Trichiurides	−	+			

Schriftenverzeichnis.

ABEL, Palaeobiologie. Stuttgart 1912.

ALESSANDRI, de, Note d'Ittiologia fossile. Atti della Soc. Ital di Sci. Nat., Bd. 41. 1902.

AMEGHINO, Les Formations sédimentaires du Crétacé supérieur et du Tertiaire de Patagonie. Anales del Mus. Nac. de Buenos Aires, Seria 3, Bd. 8. Buenos Aires 1906.

— Notes sur les Poissons du Patagonien. An. del Mus. Nac. de Buenos Aires, Bd. 16. Buenos Aires 1908.

ARAMBOURG, Révision des Poissons fossiles de Licata. Ann. de Paléontologie, Bd. 14. Paris 1925.

— Les Poissons fossiles d'Oran. Matériaux pour la Carte géol. d'Algérie, 1. S. Paléontologie. Alger 1927.

BASSANI, Ricerchi sui Pesci fossili di Chiavon. Atti della R. Acc. delle Sci. fis. e mat. di Napoli, Bd. 3, serie 2a. Neapel 1889.

— La Ittiofauna del Calcare eocenico di Gassino in Piemonte. Atti della R. Acc. delle Sci. fis. e mat. di Napoli, serie 2a, Bd. 9. Neapel 1899.

— Avanzi di Clupea (Meletta) crenata nelle marne di Ales in Sardegna. Rend. d. Acc. di Sci. fis. e mat. di Napoli. Neapel 1900.

— Su alcuni avanzi di pesci nelle marne stampiane del bacino di Ales in Sardegna. Loc. cit. 1900 (a).

— Nuove osservazioni paleontologiche sul bacino stampiano di Ales in Sardegna. Loc. cit. Bd. 7. Neapel 1901.

BLANCKENHORN, Handbuch der regionalen Geologie. Bd. 7. Heidelberg 1921.

BÖHM, Über tertiäre Versteinerungen von den Bogenfelser Diamantenfeldern. In: E. Kaiser, Die Diamantenwüste Südwestafrikas. Bd. 2. Berlin 1926.

BOGATSCHEW, Nowie Materialik istorii tretitschnix Slonow Jugo-Wostotschnoi Rossii. Iswestij Aserbaidschanskogo Uniwersiteta, Nr. 3. Baku 1923—24.

BORN, Bemerkungen über den Zahnbau der Fische. Zeitschr. f. d. organ. Physik. Herausgeg. v. Hensinger. Bd. 1. Eisenach 1827.

CARTER, The Rostrum of the fossil Swordfish, Cylindracanthus, Leidy (Coelorhynchus, Ag.), from the Eocene of Nigeria. Gel. Survey of Nigeria, occasional Paper Nr. 5. 1927.

CHAPMAN, Descriptions and Revisions of the Cretaceous and Tertiary Fish-Remains of New Zealand. New Zealand Departement of Mines. Geologic. Branch. Palaeont. Bulletin. Nr. 7. Wellington 1918.

CLARK, The eocene Deposits of the Middle atlantic Slope. Bull. U. S. Geol. Surv., Nr. 141. Washington 1896.

DAMES, Über eine tertiäre Wirbeltierfauna von der westlichen Insel des Birket el Qurûn im Fajum (Ägypten). Sitz. Ber. d. k. preuß. Ak. d. Wiss., Bd. 6. Berlin 1883.

— Über Ancistrodon debey. Zeitschr. d. Deutschen Geol. Ges. 1883 a.

— Amblypristis cheops, n. g. n. sp., aus dem Eozän Ägyptens. Sitz. Ber. Ges. Naturf. Freunde. Berlin 1888.

DAVIS, On fossil Fish-Remains from the Tertiary and Cretaceo-Tertiary formation of New Zealand. The scientific Transactions of the R. Dublin Soc., Bd. 4. Dublin 1888.

D'ERASMO, Catalogo dei Pesci fossili delle Tre Venezie. Memorie dell'Istituto Geol. d. Univ. di Padova Bd. 6 1919—1922. Padua 1922.

DIXON, The Geology and Fossils of the Tertiary and Cretaceous Formations of Sussex. London 1850

DOLLO, Résultats du Voyage du S. Y. Belgica etc. Poissons. Antwerpen 1904.

EARLL, The Spanish Makerel. Cybium maculatum (Mitch.) Ag. Report of the U. S. Fisherie Com. 1880.

EASTMAN, Maryland geological Survey. Eocene. Baltimore 1901.

EGERTON, On some Ichthyolites from the Nummulitic of the Mokattam Hills, near Cairo. The quarterly Journal of the Geol. Soc. of London. Bd. 10. London 1854.

FOWLER, A Desription of the Fossil Fish Remains of the Cretaceous, Eocene, and Miocene Formations of New Jersey. Geol. Surv. of New Jersey. Bull. Nr. 4. Trenton N. J. 1911.

FRAAS, Säge von Propristis schweinfurthi Dames aus dem oberen Eozän von Ägypten. Mitt. aus d. k. Naturalien-Kabinett zu Stuttgart. Stuttgart 1907.

GEMELLARO, Ittiodontoliti eocenici di Patarà (fra Trabia e Termini-lmerese). Giornale di Sci. Nat. ed economiche. Bd. 29. 1910.

GERVAIS, Zoologie et Paléontologie francaise, Poissons fossiles. Paris 1852.

GIBBES, Monograph of the fossil Squalidae of the United States. Journal Acad. Nat. Sci., ser. 2, Bd. 1. Philadelphia 1849.

GÜNTHER, Handbuch der Ichthyologie. Übersetzt von Hayek. Wien 1886.

52

Hennig, Die Fischreste unter den Funden der Tendaguru-Expedition. Archiv für Biontologie. Bd. 3, Heft 4. Berlin 1914.

v. Ihering, Die Kreide-Eozän-Ablagerungen der Antarktis. N. Jahrb. f. Min. etc. Beilage Bd. 51. 1924.
— Die Geschichte des Atlantischen Ozeans. Jena 1927.
— Die miozäne Selachierfauna von Schwaben und ihre Beziehungen zu anderen Tertiärfaunen. N. Jahrb. Min. Beil. Bd. 57. Stuttgart 1927 (a).

Leriche, Faune ichtyologique des Sables à Unios et Térédines des environs d'Epernay (Marne). Ann. de la Soc. géol. du Nord, Bd. 29. Lille 1900.
— Les Poissons paléocènes de la Belgique. Mém. du Musée Roy. d'Histoire Nat. de Belgique. Bd. 2 Brüssel 1902.
— Les Poissons éocènes de la Belgique. Loc. cit. 1905.
— Contribution à l'Étude des Poissons fossiles du Nord de la France et des Régions voisines. Mém. de la Soc. géol. du Nord. Bd. 5. Lille 1906.
— Obsérvations sur les Poissons du Patagonien récemment signalés par M. Fl. Ameghino. Ann. de la Soc. Géol. du Nord, Bd. 36. Lille 1907.
— Les Poissons oligocènes de la Belgique. Mém. du Musée Roy. d'Hist. Nat. de Belgique, Bd. 5. Brüssel 1910.
— Les Poissons stampiens du Bassin de Paris. Ann. de la Soc. géol. du Nord de la France, Bd. 39. Lille 1910 (a).
— Les Poissons paléocènes de Landana (Congo). Les Gisements de Poissons paléocènes et éocenes de la Côte occidentale d'Afrique. Ann. du Musée du Congo Belge. Géologie, Paléont., Minéral. Série 3, Bd. 1. Brüssel 1913.
— Note sur les Poissons de l'Éocène du Mokattam près de Caire. Bullt. de la Soc. belge de Géol. de Pal. et d'Hydrol. Bd. 31 Brüssel 1922.
— Les Poissons paléocènes et éocènes du Bassin de Paris. Bull. Soc. geol. de France, 4. série, Bd. 22. Paris 1922 (a).
— Deux Glyptorhynchus nouveaux du Bruxellien (Eocène Moyen) du Brabant. Ann. de la Soc. Roy. Zoolog. de Belgique, Bd. 56. 1925.
— Les Poissons de la Molasse Suise. Mémoires de la Soc. Paléont. Suisse. Bd. 46—47. Genf 1927.

Lydekker, Tertiary Fishes. Tertiary and Posttertiary Vertebrates. Palaeontologica Indica. Bd. 3. 1884—86.
— The fossil Vertebrates of India. Records of the Geol. Surv. of India, Bd. 22. Calcutta 1887.

Marsh, Notice of some new tertiary and cretaceous Fishes. Proceed. of the American Assoc. for the Advancement of Science. Cambridge (Mass.) 1870.

v. Meyer, Perca (? Smerdis) lorenti aus einem Tertiärgebilde Ägyptens. Palaentogr. Bd. 1. Kassel 1851.

Noetling, Die Fauna des samländischen Tertiärs. Abh. zur Geolog. Spezialkarte von Preußen und den Thüringischen Staaten. Bd. 6, 3. Teil. 1885.

Owen, Odontography. London 1840—45.

Palacky, Die Verbreitung der Fische. Prag 1891.

Peyer, Die Welse des ägyptischen Alttertiärs nebst einer kritischen Übersicht über alle fossilen Welse. Abh. der Bayer. Ak. der Wiss., math.-nat. Abt., Bd. 32. München 1928.

Portis, Di alcuni gimnodonti fossili italiani. Bollet. del R. Comitato geol. d'Italia, Bd. 20. Rom 1889.

Priem, Sur les Poissons de l'Éocène du Mont Mokattam (Égypte). Bull. Soc. Géol. de France. Paris 1897.
— Note sur Propristis Dames du Tertiaire inférieur d'Egypte. Loc. cit. 1897 (a).
— Sur des Poissons éocènes d'Egypte et de la Roumanie et Rectification rélative à Pseudolates heberti Gerv. Bull. Soc. géol. de France. Paris 1899.
— Sur les Poissons de l'Éocène inférieur des environs de Reims. Bull. de la Soc. géol. de France, 4. série, Bd. 1. Paris 1902.
— Sur les Poissons fossiles des Phosphates d'Algérie et de Tunisie, Bull. de la Soc. géol. de France, 4. série Bd. 3. Paris 1903.
— Sur des Poissons fossiles de l'éocène moyen d'Egypte. Bull. Soc. géol. de France, 4. série, Bd. 5. Paris 1905.
— Sur des Vértébrés de l'Éocène d'Egypte et de Tunisie. Bull. Soc. géol. de France (4. série), Bd. 7. Paris 1907.

Priem, Poissons tertiaires des Possessions africaines du Portugal. 'Communicaçoes' du Service géol. du Portugal, Bd. 7. 1907 (a).

— Notes sur les Poissons fossiles de Madagascar. Bull.Soc. géol. de France (4. Série). Bd. 7. Paris 1907 (b).

— Étude des Poissons fossiles du Bassin Parisien. Supplément. Ann. de Paléontologie, Bd. 6. Paris 1911,

— Poissons de la République Argentine. Bullt. Soc. de France, 4. série, Bd. 11. Paris 1911 (a).

— Sur des Vértébrés du Crétacé et de l'Éocène d'Egypte. Bull. de la Soc. géol. de France, (4. série), Bd. 14. Paris 1914.

Quaas, Die Fauna der Overwegischichten und der Blättertone in der libyschen Wüste. Palaeontogr. Bd. 30. Kassel 1902.

Regan, A revision of the Fishes of the genus Triacanthus. Proc. geol. Soc. London. London 1903.

Retzius, Bemerkungen über den inneren Bau der Zähne, mit besonderer Rücksichf auf den im Zahnknochen vorkommenden Röhrenbau. Archiv für Anatomie, Physiologie und wissenschaftliche Medizin. Berlin 1837.

Sauvage, Mémoire sur la Faune ichthyologique de la Période tertiaire, et plus spécialement sur les Poissons fossiles d'Oran (Algérie) et sur ceux découverts par M. R. Alby à Licata en Sicile. Ann. des Sci. géol., Bd. 4. 1873.

— Note sur quelque Poissons fossiles de Tunisie. Bull. Soc. géol. de France, 3. série, Bd. 17. Paris 1889.

Sismonda, Descrizione dei Pesci e dei Crostacei fossili nel Piemonte. Mem. della R. Acc. delle Sci. di Torino, serie 2, Bd. 10. Turin 1849.

Schafhäutl, Südbayerns Lethaea geognostica. Leipzig 1863.

Schlesinger, Der sagittiforme Anpassungstypus nektonischer Fische. Verh. d. k. k. zoolog. bot. Ges. Wien, 1909.

Schlosser, Die Eozänfaunen der bayerischen Alpen. 1. Teil. Abh. der bayer. Ak. der Wiss. m.-n. Abt. Bd. 30. München 1925.

Stefano, de, Ricerche sui pesci fossili della Calabria meridionale. Boll. d. Soc. Geol. Italiana, Bd. 29. 1910.

— Osservazioni sul Cretaceo e sul Eocene del deserto Arabico, e di Libaya, nella valle del Nilo. Bollt. R. Comit. Geol. Italiano, Bd. 47, Rom 1919.

Storms, Première Note sur les Poissons wemméliens (Éocène supérieur) de la Belgique. Bull. de la Soc. belge de Géol., de Pal. et d'Hydrol., Bd. 10. 1896.

Stromer, Haifischzähne aus dem unteren Mokattam bei Wasta in Ägypten. N. Jahrb. Min., Geol. etc. Stuttgart 1903.

— Nematognathi aus dem Fajûm und dem Natrontal in Ägypten. N. Jahrb. für Min. etc., Bd. 1. Stuttgart 1904.

— Die Fischreste des mittleren und oberen Eozäns von Ägypten. I. Teil: Die Selachier. Beiträge zur Paläont. u. Geol. Oesterr. Ung. u. des Orients, Bd. 18. Wien und Leipzig 1905.

— Die Fischreste des mittleren und oberen Eozäns von Ägypten. I. Teil: Selachii, B. Squaloidei und II. Teil: Teleostomi. Loc. cit. 1905 (a).

— Reptilien und Fischreste aus dem marinen Alttertiär von Südtogo. (Westafrika). Mon. Ber. der deutschen Geol. Ges. Bd. 62. Berlin 1910.

— Nematognathi aus dem Fajûm und dem Natrontale in Ägypten. N. Jahrb. Min., Geol. etc. Stuttgart 1904.

— Myliobatiden aus dem Mitteleozän der bayerischen Alpen. Z. der Deutschen Geol. Ges. Stuttgart 1904 (a)

— Die Topographie und Geologie der Strecke Gharag—Baharîje nebst Ausführungen über die geologische Geschichte Ägyptens. In: Ergebnisse der Forschungsreisen Prof. E. Stromer's in den Wüsten Ägyptens. Abh. d. K. Bayer. Ak. d. Wiss. math.-phys. Kl. Bd. 26. München 1914.

Thomas, Description de quelques fossiles nouveaux ou critique des Terrains tertiaires et secondaires de la Tunisie, recueillis en 1885 et 86, Poissons. In: Exploration scientifique de la Tunisie. Paris 1893.

Tomes, A manual of dental anotomy, human and comperative. London 1914.

Weber u. de Beaufort, The Fishes of the Indo-Australian Archipelago. Leiden 1921.

Weigelt, Rezente Wirbeltierleichen und ihre paläobiologische Bedeutung. Leipzig 1927.

— Ganoidfischleichen im Kupferschiefer und in der Gegenwart. Palaeobiologica, Bd. I. Wien und Leipzig 1928.

Weiler, Die Fische des Septarientones. Abh. der Geol. Landes Anst. zu Darmstadt Bd. 8. Darmstadt 1928.

54

WEILER, Über Carcharodon praemegalodon. n. sp. Notizbl. Ver. Erdk. u. der Geol. Landes Anst. zu Darmstadt. Darmstadt 1928b.

WHITE. Eocene Fishes from Nigeria. Geol. Surv. of Nigeria. Bull. Nr. 10. 1926.

WOODWARD, On the fossil fish-spines named Coelorhynchus Ag. The Ann. and Mag. of Nat. Hist. London 1888
— Notes on the Teeth of Sharks and Skates from English eocene Formations. Proceedings of Geologists Assoc. Bd. 16. 1889.
— Belgian Neozoic Fish-Teeth. Geol. Mag. London 1891.
— On a Dentition of a Gigantic extinct species of Myliobatis from the Lower Tertiary Formation of Egypt. Proc. Zool. Soc. London 1893.
— Catalogue of the fossil Fishes in the British Museum. London. Bd. 3 u. 4. London 1889, 1895, 1901.
— The fossil Fishes of the English Chalk. Palaeontological Soc. London 1907.
— The fossil Fishes of the English Chalk. Loc. cit. London 1909.
— Fossil Fishes from the Eocene of Egypt. Geological Magazine, n. s., Dec. V, Bd. 7. London 1910.

v. ZITTEL, Handbuch der Palaeozoologie Band III. München u. Leipzig 1383.

Erklärung zu Tafel I.

Fig. 1: *Lates fajumensis* WEILER. Hirnschädel von unten. Nat. Länge 40 cm. Birket el Qerun Serie II 1, nördl. Qasr Qerun. B. Occ. = Basioccipitale; P. Sph. = Parasphenoid; V. = Vomer.

Fig. 2: Derselbe Schädel von der Seite. V. = Vomer; M. E. = Mesethmoid; G = Gelenkstelle des Praefrontale für die Knochen der Gaumenreihe; O. S. = Orbitosphenoid; P. S. Parasphenoid; * = Nervenlöcher für N. facialis und N. trigeminus; Hy. = Anheftungsstelle für das Hyomandibulare; P. F. = Postfrontale; U. S. = Unteres Schädeleck; P. Occ. = Pleurooccipitale; O. S. = Oberes Schädeleck; C. = Crista.

Fig. 3: Derselbe Schädel von oben. V. = Vomer; M. E. = Mesethmoid; P. F. = Praefrontale; PO. F. = Postfrontale; U. S. = unteres Schädeleck; O. S. = oberes Schädeleck; C. = Crista.

Fig. 4: *Xiphiorhynchus aegyptiacus* WEILER: Bruchstück aus dem proximalen Abschnitt des Rostrums von oben. 1:1. Qasr es Sagha. Stuttgart.

Erklärung zu Tafel II.

Fig. 1: *?Ctenodentex magnus* WEILER. Schädel von links und etwas von unten. Natürl. Länge rund 25 cm. Unterer Mokattam bei Kairo. Stuttgart. P. M. = Praemaxilla: M. = Maxilla; D. r. = rechtes Dentale; D. l. = linkes Dentale; A. r. = rechtes Articulare; A. l. = linkes Articulare; Ag. = linkes Angulare; S. O. I = I. Suborbitale; Sob. = Suborbitalring; Op. = Operculum; P. Op. = Praeopercnlum; I. Op. = Interoperculum; S. Op. = Suboperculum; S. C. = Supraclaviculare; S. G. = Schultergürtel; W. = Wirbelbruchstück.

Fig. 2: Derselbe Schädel von rechts und etwas oben. S. G. = Schultergürtel; E. O. = Epioticum; C. = Crista. S. D. = Schädeldach; S. O. I. = I. Suborbitale; D. = Dentale; P. M. = Praemaxille; M. = Maxille; Pt. = Pterygoidea; Hy. = Hyomandibulare; P. Op. = Praeoperculum; Op. = Operculum; S. Op. = Suboperculum.

Erklärung zu Tafel III.

Fig. 1: *Cylindracanthus rectus* (Ag.). Bruchstück des Rostrums aus dem proximalen Abschnitt von oben. 1:1. (Querschnitt auf Taf. VI, Fig. 18) München.

Fig. 2: Dasselbe von unten.

Fig. 3—4: *Cylindracanthus rectus* (Ag.). Bruchstücke von Rostren aus dem distalen Abschnitt. 1:1. (Querschnitte auf Taf. VI, Fig. 19 und 20) München.

Fig. 5: *Platylaemus mokattamensis* Weiler. Nicht ganz wagrechter Schliff durch das Bruchstück einer Kauplatte. 30:1. Unterer Mokattam bei Kairo. Stuttgart.

Fig. 6: *Egertonia stromeri* Weiler. Untere Kauplatte von der Kaufläche. 1:1. Mittlere Sagha Serie, Qasr es Sagha. Stuttgart.

Fig. 7: Dieselbe Kauplatte von unten gesehen.

Fig. 8: *Egertonia stromeri* Weiler. Obere Kauplatte von der Kaufläche gesehen. 1:1. Sagha Stufe, Norden des Fajum, nördl. von Qasr Qerun. München.

Erklärung zu Tafel IV.

Fig. 1: *Ctenodentex* aff. *laekeniensis* Storms. Schädel von der linken Seite. 1:1. Unterer Mokattam bei Kairo. Stuttgart. P. M. = Praemaxille; D. = Dentale; A. = Articulare; Qu. = Quadratum; M. = Metapterygoid; P. = Knochen der Gaumenreihe; Hy. = Hyomandibulare; S. O. = Infraorbitale; S. D. = Schädeldach; U. C. = untere Lateralcrista; O. C. = obere Lateralcrista; Op. = Operculum; P. Op. = Praeoperculum; S. Op. = Suboperculum; B. = Becken mit Bauchflosse; W. = Anfangsabschnitt der Wirbelsäule.

Fig. 2: Derselbe Schädel von der rechten Seite. Erklärungen der Abkürzungen wie oben. Außerdem: M. = Maxille; P. = rechte Brustflosse; S. O. I = I. Infraorbitale.

Fig. 3—5: *Cylindracanthus gigas* Woodward. Bruchstücke aus dem distalen, mittleren und proximalen Abschnitt des Rostrums. 1:1. (Querschnitt zu Fig. 5 in Taf. VI, Fig. 37). Unterer Mokattam bei Kairo. Stuttgart.

Erklärung zu Tafel V.

Fig. 1: *Platylaemus mokattamensis* Weiler. Untere Kauplatte von oben 1:1. Unterer Mokattam bei Kairo. Stuttgart.

Fig. 2: Dieselbe Kauplatte von der Seite. 1:1.

Fig. 3: Dieselbe Kauplatte von unten. 1:1.

Fig. 4: *Cybium* sp. Bruchstück des Dentale mit der Symphyse von der Außenseite. 1:1. Unterer Mokattam bei Kairo. Stuttgart.

Fig. 5: *Cybium* sp. Bruchstück aus dem mittleren Abschnitt des Dentale, von der Seite. 1:1. Unterer Mokattam bei Kairo. Stuttgart.

Fig. 6: Dasselbe von oben.

Fig. 7: Familie *Carangidae?* Otolith von der Innenseite. 1:1. Uadi Ramlîje bei Uasta. München.

Fig. 8: Derselbe von außen. 1:1.

Fig. 9—10: *Platylaemus mokattamensis* Weiler. Zwei obere linke Kauplatten von der Kaufläche. 1:1. Unterer Mokattam bei Kairo. Stuttgart.

Fig. 11—13: *Platylaemus mokattamensis* Weiler. Drei obere rechte Kauplatten von der Kaufläche. 1:1. Unterer Mokattam bei Kairo. Stuttgart.

Fig. 14: *Platylaemus mokattamensis* Weiler. Untere vollständige Kauplatte von der Kaufläche 1:1. Unterer Mokattam bei Kairo. Stuttgart.

Fig. 15—16: *Platylaemus mokattamensis* Weiler. Obere linke Kauplatten von der Kaufläche (Fig. 15) und von oben (Fig. 16). Bei * die Anheftungsstellen. 1:1. Unterer Mokattam bei Kairo. Stuttgart.

Fig. 17: *Platylaemus mokattamensis* Weiler. Untere Kauplatte ohne die knöcherne Unterlage, wenig abgenutzt, von der Kaufläche gesehen. 1:1. Unterer Mokattam bei Kairo. Stuttgart.

Fig. 18: Dieselbe Kauplatte von der Seite gesehen.

Fig. 19: *Platylaemus mokattamensis* Weiler. Untere Kauplatte von unten. Die Knochenleisten sind ziemlich zerstört. 1:1. Unterer Mokattam bei Kairo. Stuttgart.

Fig. 20: *Platylaemus mokattamensis* Weiler. Ein kleiner Teil aus dem auf Taf. III. Fig. 8 abgebildeten

Dünnschliff bei 200facher Vergrößerung. Der Durchmesser des linken unteren Kanals beträgt 0,026 mm. Unterer Mokattam Kairo. Stuttgart.

Fig. 21: *Eotrigonodon serratus* (GERV.) var. *aegyptiaca* (PRIEM). Vertikalschliff durch einen Schlundzahn. 15:1. Unterer Mokattam bei Kairo. Stuttgart.

Erklärung zu Tafel VI.

Fig. 1: *Sphyraena fajumensis* (DAMES). Fangzahn von der Seite und sein Querschnitt. Unterster Mokattam bei Kairo. 1:1. München.

Fig. 2: *Sphyraena fajumensis.* Lateralzahn. Qasr es Sagha Stufe, Fischzahnschicht im Norden des Fajum. 1:1. München.

Fig. 3: *Sphyraena fajumensis.* Lateralzahn von der Seite. Breite Form. Unterer Mokattam bei Kairo. 1:1. München.

Fig. 4: *Diodon intermedius* WEILER. Obere Kauplatte von unten. 1:1. Unterer Mokattam bei Kairo. Stuttgart.

Fig. 5: Dieselbe Kauplatte von vorn. 1:1.

Fig. 6: Dieselbe von oben. 1:1.

Fig. 7: *Diodon (? Chilomycterus) hilgendorfi* (DAMES). Obere Reibplatte von der Kaufläche. 1:1. Birket el Qerun, nord-östlich von Qasr Qerun, weißliche Mergel. München.

Fig. 8: *Diodon (? Chilomycterus) hilgendorfi* (DAMES). Untere Reibplatte von oben. 1:1. Birket el Qerun, Norden des Fajum, nordöstlich von Qasr Qerun, weißliche Mergel. München.

Fig. 9: *Diodon (? Chilomycterus) hilgendorfi* (DAMES). Obere Reibplatte von unten. Birket el Qerun, Norden des Fajum, nordöstl. von Qasr Qerun, weißliche Mergel. 1:1. München.

Fig. 10: *Diodon (? Chilomycterus) latus* WEILER. Untere Reibplatte von oben 1:1. Birket el Qerun Norden des Fajum, nordöstl. von Qasr Qerun, weißliche Mergel. München.

Fig. 11: Dieselbe Reibplatte von vorn. 1:1.

Fig. 12: *Diodon (? Chilomycterus) latus* WEILER. Untere Reibplatte von oben. Birket el Qerun, Norden des Fajum, nordöstlich Qasr Qerun weißliche Mergel. 1:1. München.

Fig. 13: *Diodon (? Chilomycterus) hilgendorfi* (DAMES). Längsschnitt durch eine obere Kauplatte. 1:1. Birket el Qerun, Norden des Fajum, nordöstlich Qasr Qerun, weißl. Mergel. München.

Fig. 14: *Diodon (? Cilomycterus) hilgendorfi* (DAMES). Längsschnitt durch eine untere Kauplatte. 1:1. Birket el Qerun, N. des Fajum, nordöstlich von Qasr Qerun, weißliche Mergel. München.

Fig. 15: *Cybium* sp. Kieferzahn von der Seite. 1:1. Qerunstufe Norden des Fajum, Qasr Qerun. München.

Fig. 16: Derselbe Zahn von vorn. 1:1.

Fig. 17: Derselbe Zahn von unten gesehen. 1:1.

Fig. 18—20: *Cylindracanthus rectus* (AG.). Querschnitte durch die auf Taf. III Fig. 1—4 abgebildeten Rostren. 1:1. München.

Fig. 21: *Eotrigonodon serratus* var. *aegyptiaca* (PRIEM). Vertikalschliff durch einen Kieferzahn. 15:1. Unterer Mokattam bei Kairo. Stuttgart.

Fig. 22: *Eotrigonodon serratus* var. *aegyptiaca* (PRIEM). Oberkieferzahn von außen. 1:1. Unterer Mokattam bei Kairo. Stuttgart. Der Zahn zeigt oben keinerlei Abnutzung.

Fig. 23: Derselbe Zahn von innen. 1:1. Der Oberrand zeigt deutlich die Abnutzungsfläche. Am Vorder- und Hinterende der Höckerreihe ist der Schmelz abgekaut, sodaß das Dentin hervorschaut.

Fig. 24: *Eotrigonodon serratus* var. *aegyptiaca* (PRIEM). Oberkieferzahn, innen stark abgekaut. 1:1. Unterer Mokattam bei Kairo. Stuttgart.

Fig. 25: Derselbe Zahn von außen. Er zeigt außen keine Spur einer Abnutzung. 1:1.

Fig. 26: *Eotrigonodon serratus* var. *aegyptiaca* (PRIEM). Oberkieferzahn von innen sehr stark abgekaut. Die Höcker sind abgekaut, der innere Schmelzbelag ist bis auf einen schmalen, vom Hinterrand nach vorn ziehenden Streifen verschwunden. 1:1. Unterer Mokattam bei Kairo. Stuttgart.

Fig. 27: *Eotrigonodon serratus* var. *aegyptiaca* (PRIEM). Unterkieferzahn von außen, zeigt deutlich am Oberrand die Abnutzungsfläche. 1:1. Unterer Mokattam bei Kairo. Stuttgart.

Fig. 28: Derselbe Zahn von innen. Seine Krone zeigt bei dieser Ansicht keine Spur von Abnutzung. 1:1.

Fig. 29: *Xiphiorhynchus aegpyptiacus* WEILER. Das auf Taf. I Fig. 4 abgebildete Rostrum von vorn gesehen.

Fig. 30: *Triacanthus?* sp. Seitlicher Kieferzahn von innen. 1:1. Unterer Mokattam bei Kairo. München.

Fig. 31: Derselbe Zahn von außen. 1:1.

Fig. 32: *Triacanthus* sp.?. Vorderer Kieferzahn von außen. 1:1. Unterer Mokattam bei Kairo. München.

Fig. 33: Derselbe Zahn von innen. 1:1.

Fig. 34: *Xenopholis?* sp. (a) Greifzahn von der Seite, (b) Querschnitt an der Basis, 1:1. Unterer Mokattam bei Kairo. Frankfurt a. M.

Fig. 35: Derselbe Zahn schief von vorn.

Fig. 36: *Diplodus?* (*Sargus*) sp. Kieferzahn von innen. 1:1. Unterer Mokattam bei Kairo. München.

Fig. 37: *Cylindracanthus gigas.* WOODWARD. Querschnitt durch das Taf. IV, Fig. 5 abgebildete Rostrum. 1:1. Stuttgart.

Fig. 38: *Sphyraena fajumensis* (DAMES). Lateralzahn von der Seite, schlanke Form. Unterer Mokattam bei Kairo. 1:1. München.

Fig. 39: *Sphyraena fajumensis* (DAMES). Fangzahn von der Seite. 1:1. Qerun Stufe, weißliche Mergel, Norden des Fajum, nordöstlich von Qasr Qerun. München.

Fig. 40: *Sphyraena fajumensis* (DAMES). Vertikalschliff durch einen Kieferzahn. 30:1. Qerun Stufe, weißl. Mergel, Norden des Fajum, nordöstl. Qasr Qerun. München.

Fig. 1

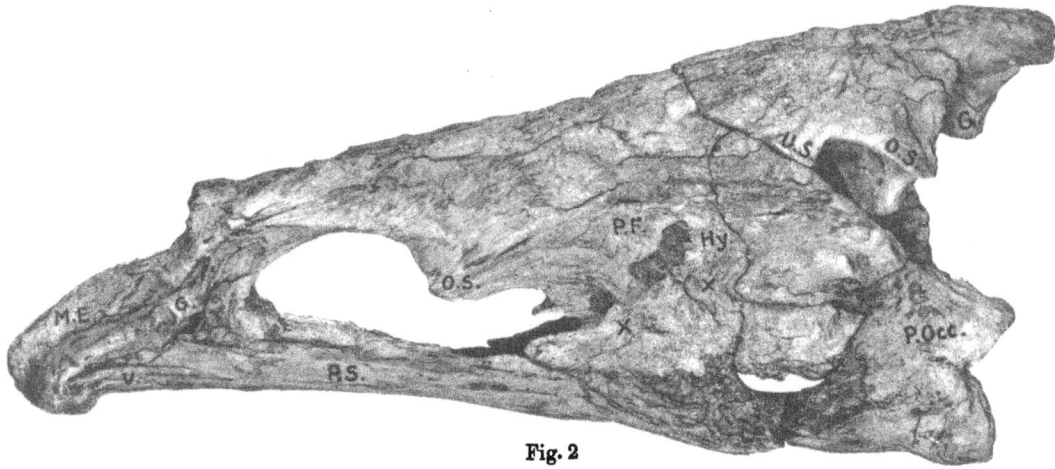

Fig. 2

Fig. 3

Fig. 4

Fig. 1

Fig. 2

Fig. 1

Fig. 2

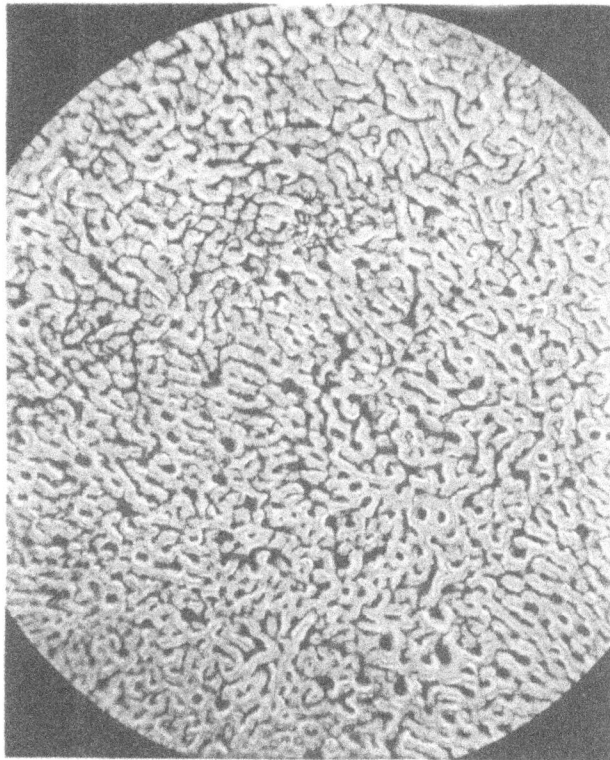

Fig. 5

Fig. 3

Fig. 4

Fig. 6

Fig. 8

Fig. 7

Abh. d. math.-naturw. Abt. Neue Folge 1. Lichtdruck J. B. Obernetter, München.

Fig. 1

Fig. 3

Fig. 4

Fig. 5

Fig. 2

Abh. d. math.-naturw. Abt.   Neue Folge 1.

Lichtdruck J. B. Obernetter, München.

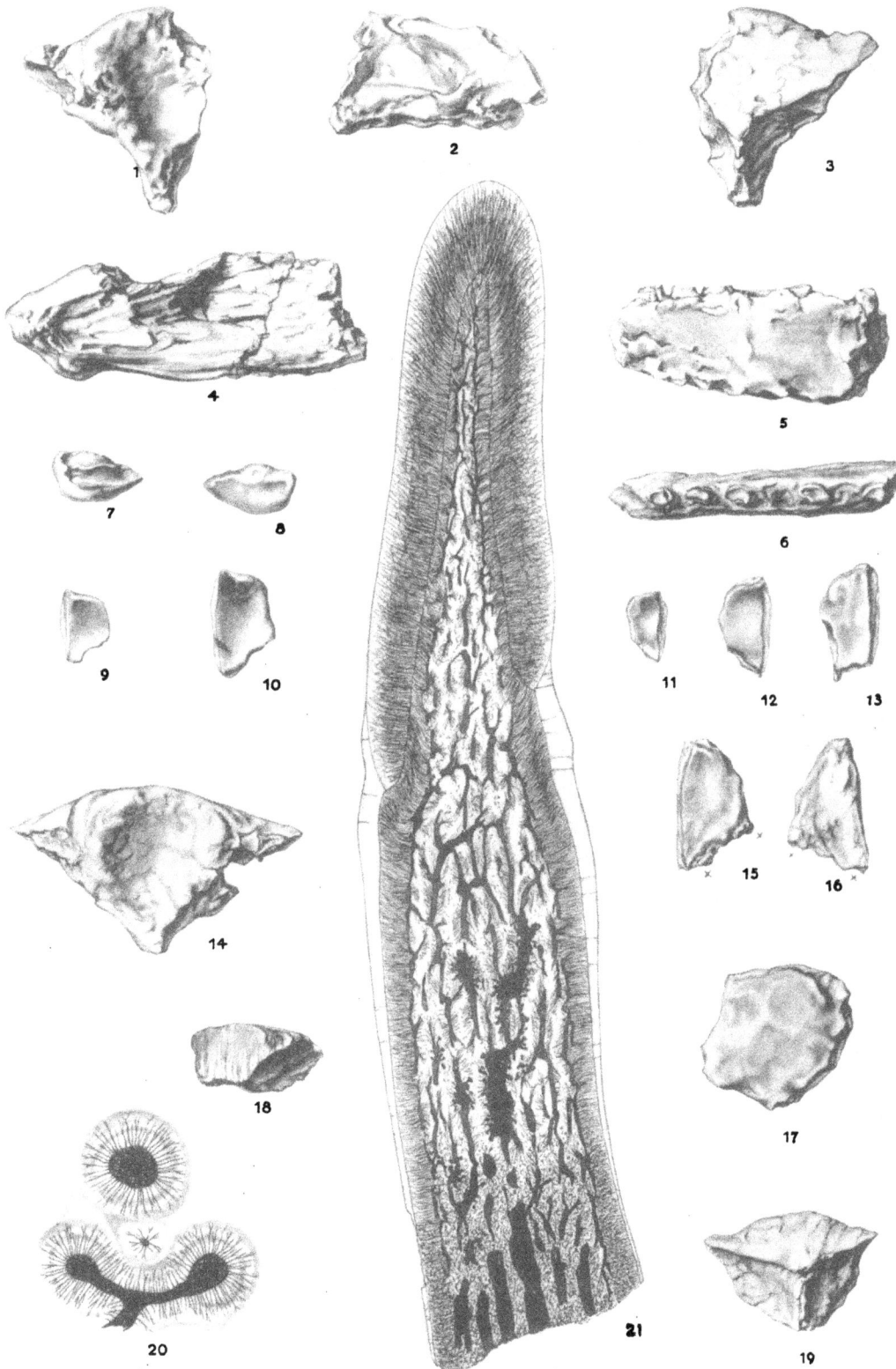

Dr. P. Ehrlich gez.

Dr. P. Ehrlich gez.